小文艺·口袋文库

文化

成为您的美好时光

OBJECT
LESSONS

如
物

隐匿于日常生活中的真相

树
我心狂野

tree _ MATTHEW BATTLES

〔美〕马修·贝特勒 _ 著

熊庆元 _ 译

上海文艺出版社
Shanghai Literature & Art Publishing House

目 录

第一部分

狂野的树

天堂树

树会是充满野性的吗?

打我开始时常造访伯西溪草甸以后,我就一直会问这个问题。草甸嵌于一处拥有路权的下陷铁道和一条陡仄的城市路段之间,是一块24英亩的三角地。它是阿诺德植物园的一部分,阿诺德植物园覆盖着近三百英亩的绿树和灌木,将波士顿的后湾、市中心与其周边多切斯特、罗科斯伯里和牙买加平原中的多山地带相连,乃是装点波士顿林荫干道的"翡翠项链"中最大的一块宝石。植物园的植被由万余株绿树、灌木和藤蔓构成。它们株株都有号牌，牌上饰以金属标签，标出其在数据库中的位置。每棵树的来处，甚至种子、根茎和嫁接的信息都会一一注明；每次的干预，每次修枝或根部增氧的信息也都会加以记录并存档。在植物园里，树是*驯良*（*domesticated*）的——或至少是*驯服*（*tame*）的。下文中，我将会讨论这些术语——狂野与驯良、驯服与野性——以检视我们是否能用它们来思考生物性情中的"隐而要者"（salient-but-hidden），不仅仅是树的，或许也是世间万物的。植物园总是浸润在一派温馨祥和的氛围中：树木覆盖着形成波士顿原始地貌的圆砾岩，为草坪和花团锦簇的丁香、玫瑰投下树荫，也围抱着阳光煦照下常有狗儿们轻舐的潺潺溪流。

在伯西溪草甸，穿过被密密匝匝的铁杉和

悬铃木修饰得斑斑驳驳的公园路段，这里的环境和管理状况便与植物园里习见的那些迥然有别了。在草甸剑指南方的狭长区域，升起了一片湖沼，三大湿地植被厕身其中：黄菖蒲、原生香蒲以及源自世界各地的芦苇（Phragmites）。这些旁逸斜出的芦苇茎干修长，每根茎条尖细的末梢则随意垂饰着暗褐色的花托。草甸的北边，升起的是一片斜斜的坡地，上面堆满了建筑垃圾和生活垃圾，它们则多半来自周边鳞次栉比的住宅楼群。丛生的各种树木牢牢地扎根于高出潜水面的河岸，它们的种子很多都是来自植物园——棉白杨、红枫、梓树。

尽管伯西溪草甸是由植物园负责管理的，但这里的树却没有挂上标签。它们未被纳入任何一个数据库，也没有数据库监测或描述它们。植物园将草甸作为一块"城市野地"来加以管理（"管理草甸"，多么奇怪的说法），留

OBJECT LESSONS

作开放地带，亦即作为城市开放地带的延伸：
这里汇集了一批原生和移植的树种，尤其是那
些富含盐分、热量和重金属的树种；它们以一
种大都会的频调重演着达尔文所谓的"树木交
错的河岸"。在山腰陡峭之处，葡萄树和南蛇
藤交缠的茎蔓常因硕鼠的经过或欢歌的鸣禽而
左右摇曳。高耸于这些交缠的藤蔓之上的，是
一排参差不齐的树，它们或高或细、或茎干倒
垂、或蜿蜒或平滑，又或在清风过后自己斑斑
驳驳的树荫里暗自生辉。它们站在那儿就像是
杂草坪上行军向前的主战派，于伤损之地蔚然
成林。在它们的脚下，一撮幼苗覆盖了路沿，
只要撕开它们稠密的树叶，便会嗅到醇厚馥郁
的香气。

　　想到鼻中这层层的气味，我又不禁问道：
树——尤其是这些树——会是充满野性的吗？

　　促使我问出这个问题的这种树——这排又

高又细的树是再好不过的例子了——被林奈
(Linnaeus) 称为臭椿，而它现在通行的名字则
是天堂树。当然，说它是一种树，就表明是在
用一种特殊的行为方式和思维方式把树和别的
东西相关联。毕竟树首先是一个物种，其次才
是各种别的东西。

　　我写作此文时，适值仲夏，处处是果实饱
满的臭椿。这些臭椿有着沉甸甸的枝条，上面
挂满了像钥匙一样的翅果——这些翅翼曲折的
种子令臭椿硕果累累——杂以玫瑰红和绿金两
色。臭椿的树干蜿蜒细长，灰色的树皮长满斑
点，好似在树荫里熠熠生辉，却隐没于日光之
下。宽大肥厚的叶片，其状似掌，层层叠叠，
在微风中轻轻摇曳。只要你注意到这些叶子，
你就会发现臭椿几乎无处不在：在危险的街
区、在高速路旁，尤其是在破败不堪、杂草丛
生的边缘地带。就其习性而言，臭椿外向，喜　**6**

好"拓边"，即那些现代财产观念力有未逮之地：公共路权的边缘；公寓楼间混凝土窄道的路面隆起之处；被成排破败弯曲的栅栏分割开的小片空地上。对臭椿来说，恰恰是它的狂野不羁和无拘无束，使之迥然有别于北美其他原生的或移植的树木。

稍后我将会解释野性一词究竟何意，而我在其中又究竟发现了哪些有用的东西，使我不仅可以在树和其他生物之间建立起某种联系，更能将这些联系推及万物。不过，在展开我的论述之前，做如下的声明是至关重要的：即世间最美的文辞也不足以用来形容树木，它们神秘而富有深度，且有着我所无从求解的狂野。

在为野性的树神魂颠倒的过程中，我结识了友朋，觅得了同道。基尔·派瑞是其中最早的一位，我们刚开始合作时，他还是哈佛大学的研究生，专攻电影和视觉艺术研究。那时，我们在一起研究是否可能为植物园发明一种移动式管理软件（这种可能性终究未能实现，尽管我们同植物园及其工作人员合作得很不错）；基尔，以其过人的聪慧和旺盛的好奇心，承担起负责协作的任务。他有着极为敏锐的想象力，这使他在植物园里能对着园中珍藏的繁木侃侃而谈，又能在城市中不断唤起对这些树木狂野习性的旁逸斜出、新奇怪异，甚或若合符节的回想。我们二人都为伯西溪草甸——尤其是臭椿——的魅力所俘获。

那是天堂树的魅力，令其如此的魔法师则是彼得·戴尔·崔迪奇，植物园的高级研究员（现已退休）。他是一位植物学家，也是哈佛大学设计研究生院的一位讲师，已完成伯西溪草甸的一个具体项目。在一个蚊虫嘤嘤的炎炎夏日，基尔和我约见了彼得。我们一同在草甸的砾石小道上散步，是他提议要带我们来这儿看看这些狂野而繁盛的树木。戴尔·崔迪奇，一位慈祥而不失尖刻的老者，在他悄悄推想这些树木、推想关心这些树木的人时，常会罩住自己的眼睛，遮住自己的脸。他常常雄辩滔滔，每发宏论都会层设铺垫，因此我们也就总是深深地被他所吸引。

彼得从不言及杂草，甚至对移植的树都不置一词，但却常常谈论"国际化社区"和植物的"自发生长"。陪着他遍览河岸边丛生的那些臭椿（它们垂饰着又苦又甜的精美浆果、艾叶、苍耳以及五叶爬山虎），我们看到了一种不以规条治理，反倒强调关系、质量、表达与情感（affect）的自然。植物通过它们的生长习性、荣枯规律、开花散籽（植物的活动形式，被植物学家们称为物候学）来讲述故事。这些习性深嵌于人类世界的全球性物种，讲述着有关城市生物学的野性故事，它们越过赤裸的生命，形成了丰饶的生物系统。它们不受羁绊，充溢于黑暗的丰饶之界，蕴藏着无尽的神秘。

彼得常在一大片鹿角漆木或野葡萄藤前挥动双手，确凿无误地将这些自然界文化旅者的相关信息（重金属的生物治理、日光的软化、城市恶劣微气候的退鞣，以及碳的吸收）编入"生态系统服务"的目录。但我们明白，他真正为之所动的是这些耐寒、葱茏的文化旅者们的精神。戴尔·崔迪奇是《狂野的东北城市植物：一个领域的导论》一书的作者[1]。这是一本令人倾倒的书，它确认和描述了数以百计的树种（包括臭椿），它们或围抱藩篱、或披遍小巷，又或在人行道的裂隙里倔强抽芽，为人们所习见。这本书把城市风景边缘的漫漶绿色变成了葱茏之物的无尽狂欢，以至于人们日常

1　Peter Del Tredici, *Wild Urban Plants of the Northeast* (Cornell: Cornell University Press, 2010).

的行迹都因之大为增色。

我至今仍不确定我和基尔的约定是如何经由臭椿而得以落实的，但我们还是很快陷入了窘境。当然，当日与彼得草甸一别，在折回地铁的途中，我们看到周身的景致，心中仍是激情迸发。在草甸的边缘，沿着芜乱不堪的石墙，臭椿丛丛簇生；在这儿也是一样，三株幼苗，像分株的克隆物，又像新生的超有机体，从安全岛龟裂的混凝土里抽芽而出；那儿也是，当车子载着我们疾驶回市里时，臭椿那枝形吊灯般硕大的树枝便尽情摇曳，远远地伸到通勤铁路的上方。树声啁啾，而我们则抓住每一次机会轻聆。

但是，为了觅得这未经驯化的他者，我们却始终像学者一样徘徊于书籍与宏论之间、档案与图像之间，恰如徘徊于林间小路与废弃片场之间。基尔从先锋导演崔明哈关于"就近言说"的温婉建议中找到了振奋人心的表述，恰恰是这一表述激发我们形成自己的纲领：提供"一种无法被客体化的言说，这种言说即便远离言说主体或不在言说场域也仍然无法指向客体"。

这是一种反映其自身的言说，即便不作宣称，它仍然能够非常接近主体。简言之，这种言说只有在某个转换瞬间向其他转换瞬间开启时才会被终止——此即间接的形式，其便于用诗的语言来加以理解……因为事实上，这并不只是口头形成的技艺或陈述。它是一种生活态度，一种将自己与世界联结的方式……真理从不以所言或所示来加以陈明。我们不能拿着照相机把它拍下来：越是这样就越会错失……如果你不想错失真理以致最终只觅得僵死的空壳，那么你就必须间接求之。
即便在间接之物不得不以那些直接的形象
为装饰时，它也仍然是与直接的读解格格
不入的。（陈 1992）[1]

10　　那么，当我们挨着沿路的臭椿默然前行
时，我们便不只是行走于其在世界上的栖身之
地，同时也是步入了其厕身的文化史。一种接
近狂野之物的狂野之法！

　　然后，在追踪它们的过程中，我们发现，
我们似乎是在与不羁的性情为伍。无论是图书
馆的文献，还是园丁、植物学家以及那些对
树、灌木和木本、草本植物了如指掌之人的谈
论，在在都显出臭椿乃苦难之源。在植物学家
和园丁面前提臭椿的名字，只会引来满含讥嘲

---

1 Nancy Chen, "'Speaking Nearby': A Conversation with Trinh T. Minh-ha," *Visual Anthropology* 8, no. 1 (1992): 81-92.

与怨愤的嗟叹。臭椿已经被古典生态学标黑了：它被称为"有害的侵入者"。它与生俱来的蛮野习性使喜好有序风物的人们心生恐惧；它的麝香气味在植物的世界里宣示着狂傲，如其肆意于动物世界一般；因其无性繁殖和分株的习性，臭椿几乎不可能被修剪或根除——剪断一株幼苗落地，另外三株就又从原来的根茎上抽芽而出。最后，尽管臭椿与许多为人所推崇和喜爱的观赏性树木（包括水杉和无处不在的银杏）同列一系，但当它首次在美国城市繁育时，却因其源于中国这一"血统"而难以在十九世纪恶劣的黄祸舆论中谋得信任。当美国人频频流露不宜的恐惧情结以及对中国的不满时，臭椿的亚洲背景仍然挥之不去，这在一个变动不居、难保有序的世界里似乎一览无余。

但臭椿在漫长的文化史上承担了这个疑犯的身份，这份蛮野的名声。它与贝蒂·史密斯

小说《一株成长于布鲁克林的树》中的树同
名。小说中，这种树恰恰标示了从本土居民区
通往不合规矩的下等移民区的社区道路：

> 你在一个周日的午后散步，来到了一
> 处非常漂亮的高雅社区。透过铁门，你看
> 到一株很小的臭椿正伸向某个人的院子，
> 你马上就知道布鲁克林的这一片是住宅
> 区。臭椿是先觉者，它会先一步到那儿，
> 然后可怜的外乡人才潜入，把棕色石头砌
> 成的安静的老房子夷为平地，皮质的床被
> 扔出窗外，臭椿却繁茂葱茏。[1]

这种树第一次出现在西方时，它初露其好
斗习性的特质时并未引起人们的恐惧，人们对

---

1 Betty Smith, *A Tree Grows in Brooklyn* (New York: Harper Bros.,
 1943), 6.

此反倒是大加褒赞。到了十八世纪，臭椿则只是和其他古怪的植物一同生长在北美殖民地杰出植物学家约翰·巴特拉姆的菲拉德尔菲亚花园里而已。至十九世纪早期，人们也仍然袭用冰冷而寻常的术语来形容臭椿，这种树也只是在植物学的话语里才会引来争辩。然而，到了十九世纪后期，臭椿则成了令人不安之物，仿佛化身为枝繁叶茂的生灵并预示着文明的将倾。"这种植物通过其旁枝和种子迅猛繁育，据说最糟的情况可能会是，纽约成为废墟直至人烟荒芜，进而在数年后成为臭椿的森林"。[1]

城市的毁灭，后启示录式的图景，废墟上 12 遍地都是臭椿：这一末世之景正回响于我们如今这个四际崩塌的时代。基尔和我的联系未曾

---

1 F. W. Bailey, "Ailanthus," in *The American Botanist*, *Devoted to Economic and Ecological Botany*, vols. 11 - 15, ed. Willard Nelson Clute (Joliet: Clute & Co., 1911), 37.

中断——在我们非官方的、闲游式的调查中，臭椿真是随处可见：它们厕身于麻省收费公路的风道迎风而笑，装点着立交桥和萨默维尔苏利文广场满是灰尘的碎石路，抑或是从城区三层建筑窄小的缝隙中倔强地抽芽而出。就其森林土著的身份而言，臭椿俨然是"缝隙负责人"，它们为顶篷打上洞点后，便迫不及待地蔓延生长。因而，它们可以轻易地在狭长的小巷、风道和边缘区域毫无拘束地开枝散叶。我们意识到，如果说臭椿生态学会是二十一世纪城市的未来，那么现在它其实就已经出现在这儿了，尽管分布得仍不均衡。

基尔和我很快加入了由萨拉·纽曼——2013年以研究员身份来到我们实验室的一位艺术家和摄影师——发起的寻找野性之树的行列。萨拉带来了一份被崔明哈描述为"间接形式"的委托书，其意在使具体事物的某些隐秘

特性变得可见。正是萨拉，把我们带到了同臭
椿生活在一起的人们中间，不用借着争夺和宣
告就可以同他们靠得更近。

　　同基尔和我一样，不管臭椿在哪儿抽芽，
萨拉都能很快发现它们——或是在狭长荫翳的
小巷，或是穿过高压线铁丝网，抑或是在芜乱
的前院像丛生的秧苗一样蔚然成片。在萨默维
尔进行长时间的独自考察之后，萨拉发现在联
合广场停车点边缘有一片丛生的臭椿，一对年
老的东南亚夫妇在这儿堆了一堆瓶瓶罐罐。他
们把自己的购物车和鼓鼓囊囊的回收袋一并放
在天堂树拱形阴影下，天堂树则合围在街角，
高耸入云。老妇身着传统服饰，上面打满补
丁，就像是从旧货店淘来的一样。在萨拉给她
拍照时，她正端庄地站在铁丝网前，用她那亲
切而又尖利的语言轻声说着什么，老者此时则
一脸微笑地在他俩的贮藏室里忙着，这是一间

由铝和玻璃制成的贮藏室。在他俩身后，铁丝网旁丛生的臭椿，随着秋天的到来而变得金黄，在阳光下顾盼生辉。其他地方，比如剑桥公共图书馆附近，萨拉也捕捉到了一些瞬间。一个十多岁的女孩儿，穿着流行的衣饰，戴着耳机，腼腆地站在一棵高大的臭椿树下，臭椿则探到了后院整齐的栅栏外面。有一位非常有名的人物，西弗尔，他在同一幢公寓里住了三十年，亲眼看着前院的臭椿从小树苗长成参天大树，甚至高过了他三层的小楼。这个人从艾弗里海岸跑到剑桥的麻省理工学院学习数学，在臭椿耐心地从小苗长成大树的年月里，他的轮椅带着他不知走过了多少地方。

14　　我们拍照、讨论，在后湾和每个地铁站为这些充满野性的树木送去我们的问候。当冬季的风送走了秋天，臭椿便开始散籽，种子不羁地向四处播散。狂风把金黄的叶片撕成了碎纸，吹得到处都是，徒留下光秃秃的枝干。纷扬的种子铺满闲寂的空地，状如地毯，复又消泯于积雪之中。经过一夜暴雪，联合广场闪动的灯光穿透绵软的雪花，安静而专注地投射在停车场的那些树上，为这些冬日裸露的枝干投上斑斑驳驳的影儿。我想象着，在根深之处或有低语吧，些微的糖和苯酚从冻住的路堤渗入积雪覆盖下的沥青马路：

雪劫掠了整座城市。长凳上放着一个包裹。在枝干管护区，雪的形状通常是由风和损毁的栅栏围成的。

一经解开夏天金发的绺鬓，树的汁液便会沿着所有的通道牢牢抓着大地。围成一个栅栏，全然紧抱破损的沥青路，供养着下面的沉睡者。

我们守着雪的宝库，在颠簸的巴士中

亲聆传说。冬天是我们的施予者，太阳潜
行地下，筑巢于树根，它细碎的光线则深
埋于树的汁液之中。

闪动的灯光侵扰街道，伴以路面冻住
的凝块和辘辘的车声，无眠的机器出现气
蚀，跌跌撞撞，溃不成军。

15
在一阵阵风中驻足。数着数儿，浑身
发抖，承受着天空的负压。我们同在一
起，其他人也在此地。在这雪的宝库中，
尽是破损的房屋、遗落的包裹和欲望的种
子。飘落的冰霜攫住记忆中细碎的灯光，
半明半暗，洒在藤蔓黑魆魆的枝条上。冬
日的树，细数着它们的丰饶。

16 **在一个斑驳的世界**

本书在讨论臭椿时，我采用的方法——更
宽泛地说，我将树当作客体来加以讨论的方

法——将是缀锦式的。我之所以想到要采用这样方法，不仅源于树的光影带给我的灵感，同时也来自科学哲学家南希·卡特莱特的工作。总的来说，南希认为，科学"规律"从来就不能勾画出一幅连贯而完整的世界图景。相反，我们的定理——牛顿第三定律、自然选择、经典生态学的顶级群落概念——都是用以描述现象的，它们或是在实验室中严格限定条件后得出，又或是凭借田野工作具体的描述工具而实现。这些定理作用于现实事物的方式常常是间接的，有时难以给予准确的描述。诚如卡特莱特所说的那样："我们生活在一个斑驳的世界之中"——

　　这是一个充满各类事物的世界，有着各样的禀性，行为方式也各不相同。用以描述这个世界的法则不过是一块补丁，而不是金字塔。这个世界不像公理和定律体系那样有着简洁、华美而又抽象的结构。相反，它似是不规则地交叠而成；这儿和那儿，有时是整饬的角落，但大多时候则是零碎的边沿；而科学规律所涵盖的部分常常只触及了这个芜杂的物质世界很有限的一部分。[1]

树木斑驳的光影穿透了各式各样的知识实践：生态学、进化生物学、园艺学，以及语文学、自然历史和景观研究。这些知识实践形塑了我们对自然世界的认知，也限制了我们的视角。它们都很有用，也富于启示，但却并不充分。

在现代时期，臭椿，和所有生物一样，从属于生态学的研究范围。生态学这门学科诉诸

---

1 Nancy Cartwright, *The Dappled World: A Study of the Boundaries of Science* (Cambridge: Cambridge University Press, 1992), 1.

严谨而规范的道德性（这毕竟是一门学科的核心）。它的视域指向人类堕落之前：其经典观点认为，生命会自然地趋向延续，趋向极为调和的平衡。完整的生态系统是指那些未被人类活动污染过的系统，其在不断进步的过程中自然地趋向顶级群落状态，即一种群体性的、高度成熟的状态，亦是一种自足的停滞状态。奥尔多·里奥普德给出了这一观点的基本方程式，他在《沙郡年鉴》一书中提出了所谓的"土地伦理"概念："当某物趋向于保护生物共同体自身的整全性、稳定性和美的时候，它往往都会是正确的，"里奥普德写道，"反之，它则往往会是错误的。"[1]

侵入的物种一经引入如此和平的王国，其

1 Aldo Leopold, *A Sand County Almanac*；*With Other Essays on Conservation from Round River*（Oxford；Oxford University Press, 1949），225.

往往会打破这种极为调和的均衡性。缺乏本土的敌人、对随处闲逛的草食动物或饥肠辘辘的肉食动物们日渐进化的口味不够熟悉，都会使侵入的物种成为一个征兆，其足以摧毁古典生

18 态学关于有序确定性的假定。侵入的树种展现出了不羁的性情：它们芜杂生长，子孙绵延；它们轻易地劫掠乱泥、硬土和污地；它们也乐于同布满岩石的旱地和化学级联（chemical cascades）抗争[1]。若是裸露在边野之地，比如刚刚冲积而成的荒芜的火山岛，这种性情则会使树种成为先锋，而生态学恰恰喜欢讲述这类关乎丰盈和更新的故事，它们是由这些树种在人类不曾介入的自然界的危险之中所演绎出来的。生态学讲述的是某个地区动植物自然演替和顶级群落的故事，这些故事把人类的进程放

---

1 通过某种方式把两个以上的设备连接起来以起到扩容效果，被称为级联（cascade）。——译者注

在蛮野的背景中加以重述：炎热的岛屿最初是
一小片硫磺玄武岩，它从波浪中热气蒸腾地升
起，随即冷却成片草不生的黑岩；种子被风吹
进裂缝，便扎根于此，它们拱破玄武岩，埋入
泥中。影响这一转化的物种拥有一系列共同的
特性：硬度、强散播能力、依靠弱资源维生的

能力。不久，越来越多的殖民者（椰树、寄居
于候鸟翼下的昆虫）随风浪而至，直到纷至沓
来的动植物们在这儿形成顶级群落，蔚然成
林。在我们看来，这些关于动植物自然更替的
故事，其要点在于初至者，即第一颗坚硬的种
子扎入贫瘠的土地后开始其生物学化的历程：
在"自然的"语境下，通常会认为这些物种在
构建地形方面起到了重要的作用，它们使一片
不毛之地变得葱郁葱茏。在古典生态学中，这
种生物群体被视为"先锋植物"（pioneer

19　flora)。[1]和城市一样，火山岛通常"极为嘈杂，路表坚硬，且善于蓄热"；[2]因此，它会被最初的那些耐干扰的所谓"先锋植物"所占据，也就不足为奇了。在城市环境中，这些"先锋植物"把植被变成了杂草。在某个语境下，同样的特性也可以把一个物种变成先锋，令其侵入那些具有人类堕落前的形态、显得秩序井然的地方：野地、公园、保护区，甚或在我们的城市里。

　　然而，"杂草"一个绝非随意给出的轻蔑之词。它道出了这些物种所共有的一些习性和特征，它们同人类的生活形式紧密相连。英国研究杂草生物学的植物学家 E·J·萨里斯波利把这一复杂的共生现象放在深层的人类历史语

---

1 Edward James Salisbury, *Weeds and Aliens* (London： Collins, 1964）.

2 Peter Del Tredici, *Wild Urban Plants of the Northeast*. 见该书封底的内容。

境中来加以描述：他指出，"在冰川纪漫长的冰碛条件下，许多种类的杂草仍然可以进化"，"而更重要的是，这一进程乃是与后来由人类活动所引起的地球表面环境的变化相伴生的"。[1] 这种变动是非常有趣的：萨里斯波利强调，同植物学主流观点认为"杂草"一词不具有生物学意义相反，"杂草化"点出了一种生物习性，即植物在世界上是如何同智人（Homo sapiens）这一极为活跃、四处游历且工具理性的物种相伴共生的。

萨里斯波利指出，同坚韧的杂草为伴的，实际上还有一个隐秘的生物群落，他们是一群旅者，以一种隐秘的方式与我们这些物种的命运紧密相连。"杂草随处可见"，萨里斯波利写道，"这一点实际上蕴藏了两个特性：面对各

20

---

1 Salisbury, *Weeds and Aliens*, 23.

种自然条件所具备的极强的可塑性和耐受力，以及极强的散播能力（可能常常通过人类活动来达成）……有一个有益的观点（但世界各地的学生或许都不愿认同），认为强散播能力同样也可以用来描述那些对恶劣自然条件的耐受力远逊于杂草的物种，因此，就其表现形式而言，这些物种之所以有无远弗届之力，也极有可能是仰赖于人类的活动。"[1] 即便在早于新石器革命的时期，世界范围内的人类迁徙或许已使先锋物种像杂草般渐次远播。"沃土或瘠地上的杂草无远弗届，遍及地表……以至于它们源出何处早已变得无从稽考。"[2]

通过考察狗在人类生活中所扮演的文化角色，批评家、科学哲学家唐娜·哈拉维将犬科动物描述为"同伴物种"（companion species）：

---

1 Ibid.

2 Ibid., 86.

"作为人类进化之罪中的同伴，"哈拉维写道，"（狗）从一开始就在花园中，如荒原狼一般狡黠。"[1] 对哈拉维的"同伴物种"研究加以延伸，我们或许可以认为，杂草亦具有某种比邻性（neighborliness）。我们的这些旅者，人类纪（Anthropocene）的典型植物，是一级或二级分离度的同伴物种。在此，我们找到了与奥尔多·里奥普德类似的观点，后者在自己的著作中写道，他之所以要构想土地伦理，乃是为了 21 扩展"群落的边界，将土壤、水、植物和动物等纳入进来……"进而"将智人的角色从土地群落的征服者改变成其中的普通成员和公民。"[2] 显然，这个群落可以进一步延伸，从而将我们的朋友和同伴——杂草——也一并纳入进来。

---

1 Donna Haraway, *The Companion Species Manifesto: Dogs, People, and Significant Otherness* (Chicago: Prickly Paradigm, 2003), 5.

2 Leopold, *Sand County*, 204.

22　**启发式分支**

　　我们所创造的供生物们栖居、侵入和竞争的世界，常常呈现出两极性：郊野荒凉的与田园牧歌的；深度定居的与杂生蔓长的；自然浮现的与高潮迭起的；都市的与农林的。这些世界在二元对立的舞步中互相渗透，斑斑驳驳，漫漶不清。置身其中，我想要更充分地拷问关于野性的问题。臭椿是我们身边如此熟悉的一种植物，以至于我每每在清晨从 95 号州际公路疾驰而下、走进波士顿周边的地铁站或站在萨默维尔的停车场中央时，树木的狂野性问题就会不时地浮现出来。我常常是在转车的途中想起这样的问题，因为引发这个问题的树，它本身就是一个转化的物种。尽管你不追踪就难觅其转化之迹，但这些树终究是转化之物。

　　这些关乎转化、自由和不受羁绊的秉性乐

于同狂野为伍，并且以其家族性的相似聚于一处。但我想说的是，这里的"野性"另指一些特殊之处：一种一闪而过却涵纳良多的条件，这一条件同它自身极为丰富的秉性一起，有助于击开或拓展关于野性和顺性的那种恼人的范式。人类进退维谷时，乃世界问题丛生处。我所发现的一个有益的回应，就是通过一系列符号的转化来打破诸如"野性/顺性"这样的二元对立，或将其拓展至某一个领域中。[1]

野性（Wild）◄──► 顺性（domestication）

　　一列火车疾驶过居住区，带出的风刮倒了长长的路权指示牌，沿着混凝土轨枕

OBJECT
LESSONS

23

---

[1] 在接下来的部分，我使用了格雷马斯方阵（Greimas Square），符号学中使用的一种启发式图表；我最喜欢罗萨林德·克劳斯在《延伸田野中的雕塑》一文中对这个方阵的使用。Rosalind Krauss, "Sculpture in the Expanded Field," October 8 (Spring, 1979)：30 - 44。

数英里长、开口的锯齿，满是煤渣的、肮脏的路基砾石拱脊开始松脱；在风道处，臭椿的叶子随风摇曳、飒飒作响，彼此亲吻和拥抱，在地上投下窄窄的锥状绿影。

让我们分析一下狂野（*wild*）和驯良（*domesticated*）这两个术语的含义。狂野和驯良：这两个术语在英语中有着漫长的历史。Wild 出现于十九世纪的《语料库词汇表》（Corpus Glossary），用以解释拉丁语词汇 indomitus——与发音更为相似的 domestic 相关的一个词。所谓狂野，即是不驯良，不受辖制，也不居于定所。在九世纪的英语想象中，根据住地、墙垣和教籍的内外来组织世界往往不是出于便利的考虑，而是源于冲动。在中世纪早期，花园的墙已变得越发厚实、陈旧，因而常常需要修护。通过训练和喂养——即便这

是同人类世界一样自然的过程，达尔文仍然称
之为"人工选择"（artificial selection）——被驯
养的生物被带进了人类的住所，开始与人类
同住。

从自然史来看，被驯养的生物逐渐发展出
一种契约，将其自身维系于人类绵延的社会性
与多变的习惯之中。被驯养的生物通常都表现
出某些共同的特征：它们泯失兽性、不再有利
牙和棘刺，也少了戒惧之心。丧失这些特征，
恰恰有助于它们更好地同人类相处；防御性可
谓代价高昂，这些被驯养的生物完全把这个重
担卸给了我们人类。作为回报，它们体内的脂
肪和糖分开始日渐增多，对繁花和眨眼也平添
情愫。驯养是共生关系的一则极为奇特的案
例，其在生物学视野之外的文化王国中拥有回
响。这儿，我们身处田园之地，在高高的、斑
驳的田野中，鸟兽群集，葡萄藤随风摇曳、硕

果累累。驯养远较文明久远，此言不谬。神秘
学中，它被描述为由动植物和人类社会所共同
组成的臆想群落。此等传说难以言明谁是胜
者，谁又是园主：是人类，还是被驯养的生
物，即那些凭借与智人之间的契约而繁衍不绝
的生物。

若不将二者并峙，野生生物同驯养生物便
都可以在各自的世界里安然栖居。对绵羊或杏
树而言，牧场和果园就是自足的世界。野生生
物对它们的"自然栖息地"怀有强烈的互补意
识，这是它们的习性。我们或许也可以说，这
样的世界包含了家园（*heimlich*）的维度，即栖
居于世——"居家的"（homely）生物，熟悉而
惬意，其特质与暗恐（*unheimlich*，恰如弗洛
伊德对这个术语的界定一样）迥然有别。[1]

---

1 Sigmund Freud, *The Uncanny*, translated by David McLintock（New York: Penguin, 2003）.

没有哪个地方会像家这样复合百端、包罗万象。

在标记的小路蜿蜒折向车站之处，一大片丛生的臭椿高耸过漆树和葡萄藤，细长的枝条探出院墙，散发着灰色的光泽，像蛇一样蜷曲，生机勃勃地随风摇曳。它们肆意修饰斜坡上的瓦砾，劫掠山顶棉白杨上的灯光，把想要抓住较低一侧山坡的葡萄和蜀羊泉藤茎推了回去，遮住了它们向阳的路。这场战役在白天看似轻松宁和的氛围中拉开，聚焦于糖分的浓度和极细微的气蚀强度，这些皆受日出日落的节律影响，而这种节律乃是阳光对大地漫长凝视中的惊鸿一瞥。

有许多方法来探究狂野和驯良。以树而论，光是给它们命名、说明它们的习性，现在就已有

许多固定的理论和实践：林务员的方法；伐木
工的方法；自然爱好者的方法；自然史学家的
方法；植物学家或园艺学家的方法；以及古生
物学家的方法。迄今为止，我们或许可以说，
我们所知道的所有关于思考和探究树的方法，
其数据都止于驯养的地区和定居的部分。所有
非实践性、非规范性的探究树的方法（主体间
的、梦境的和神秘的、神圣的和泛灵论的、魔
幻的，以及许多尚未揭示的方法和智慧）堕入
了中间地带，非（the not）的区间。狂野者既有
之，非狂野者亦有之；正如驯良者有之，亦必
有一浩繁之类别，可被称为非驯良者。二者都
极可能具有内在而成形的特征，是我们的经验
和理解力所无法企及的。这即是他者的维度，
暗恐——怪异而恐怖——一个神秘和超越的隐
秘之地。或许在非狂野之中，我们会找到赤裸
生命（zoë），它们呈现出迟钝、怪异而恐怖的

26

形式：石头、风暴、松果和条状物。或许林中
未被发现的那些无声倒下的树，就会出现在这
儿？同时，在非驯良之中，我们会找到住所的
剩余物：饭后尚未消化的、或肮脏碎屑洒满一
地的食物；炉边的余烬，蕴藏它们隐秘思想的
微茫渐熄；干净的污尘（玛丽·道格拉斯所谓
的"不在其位之物"[1]）不期而至；食品箱里
发了芽的土豆，奶酪上随处可见的霉菌，冬季
在壁橱里振翅的飞蛾——家中不合常规的这些
要素印证着世事无常，也预示着它们的消融。

狂野（Wild）←→驯良（Domesticated）

⇧　　　　　　⇧

非狂野（not-Wild）←→非驯良（not-Domesticated）

---

1 Mary Douglas, *Purity and Danger: An Analysis of Concepts of Pollution and Taboo*, Collected Works, Volume II（London and New York: Routledge, 2003）, 36.

27   臭椿那如枝形吊灯般又长又弯的枝杈
从树干上断裂，越过围栏掉落在地，横亘
在高速公路上。被汽车橡胶轮胎肆意碾过
后，臭椿硕大的残枝兀自盘旋，随风起
舞，一粒粒红色的种子像宝石似的熠熠
生辉。

必须指出的是，不论是居家还是暗恐的维
度，都存在某种杂合状态。在居家的国度，介
于狂野和驯良之间的这种杂糅性，主要表现在
驯良的生物身上。经过规训和操练，这种生物
已经意志屈从，成了一种物件。这里有一个非
常重要的世俗性和个体性的层面：驯良其实并
不是一种代代相传的东西。如果要保持物种的
延续性，那么驯良的生物产子后，其子孙也必
定驯良。驯服行为需要依靠工具、齿轮、装置
和武器：系上皮带、套上轭具；戴上口套、用

鞭抽打；当然也在必要时投以食物和给予帮助。这是因为驯服的特质须由强力促成——经常性的威胁以及适时的救助。笼中的雄狮、池中的虎鲸、为铺设电线而修剪过的栎树，这些都是被驯化的生物，它们依赖于人类，屈从而降服。因此，驯服是一种杂糅状态，它介于狂野和驯良之间，游移不定。

最后，在中间地带的杂糅区间，我们找到了我们的野性。由于悬置在*非狂野*和*非驯良*之间，*野性*生物有其自身的阈限：并非介于两可之间的都能被视为中介性（betweenness）的化身。赫尔墨斯，信使和变形者，是古代的野性化身。按文化批评家乔治·特柔的说法，野性，是不具备任何特质的特质。[1]

28

---

[1] George W. S. Trow, *Within the Context of No Context*（New York: Atlantic Monthly Press, 1997）。对于狂野即是不具备任何特质的特质这一点，最著名的记述出现在罗伯特·穆希尔的小说《没有特征的人》中（Robert Musil, *The Man Without Qualities*）。

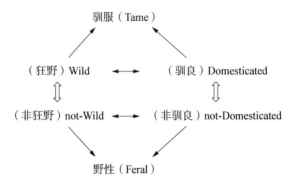

野性生物：迫于环境而选择狂野状态的某种被
驯养的动物；模棱两可的野兽；也可以是旅者
或信使。这是一个熟悉的范畴；谁不曾有感于
此——赶去机场却迷失途中，被航站楼极为熟
悉的环境弄得头晕目眩；排队买咖啡或是找工
作；站在屏幕前，面对社会媒体不断的质询而
弓身致歉——谁又不曾体会过采石场上的伤痛
和隐忧？被驯养的生物在同人类交流时语汇寥
寥，但在野外，不再受缚于家庭习性的它们则
29 语汇惊人。就像杂草一样（"杂草"是对植物

的一种极富野性的修辞），我们长于瘠地，寻
求进步，终至消亡。野性生物仿若用失传语言
进行演说之人一般艰难求生；他们讲述自己的
秘密，不求被识，也不惧被识。

　　我的这个图表并没有揭示宇宙的法则，记
住这一点是非常重要的。我此处所画的图表源
自威廉·詹姆斯，他认为"*自然只不过是一个
关乎剩余的名字*"：

　　　　她的每个观点都是开放的，因而可以
　　触类旁通；任何我们需要考虑的观点，其
　　问题仅在于，对自然所剩余的部分，我们
　　可以触及多深，从而使我们可以完全超越
　　其表象。现在存留于我们每个人内在生命
　　脉动中的，是零星的过去，些微的未来，
　　以及关乎我们身体、我们彼此、我们所试
　　图讨论的崇高之物、地理学和历史走向、

对与错、好与坏（谁知道还有什么?）的
那一点点意识。[1]

　　对我们来说，最重要的事就是明白所有的
景致、自然力和世间的生灵都与我们有关。这
种更为微妙的分类方式中，那些我们提供给这
个世界、使之色彩缤纷、活灵活现的图景，实
与我们所讲述的涉及狂野和驯良的故事有关。
而这些观念并不可靠，它们确实只能部分地用
来解释那些无法被规训和理解、无法得其精髓
的特质与凝聚力。这些观念也从不稳定，从不
明确；它们在不同的文化和历史中会奏出不同
的音符。它们既非先验，亦非绝对；它们没有
固定的定义，但却呈现出一系列家族相似性。

---

1 William James, *A Pluralistic Universe：Hibbert Lectures at Manchester College on the Present State of Philosophy* (New York：Longmans, 1909), 286.

从某个有利点——人类时空中的一系列调谐——出现了驯良和狂野这样的观念，它们凸显出来并开始运作。在这些观念背后或在它们之外，也仍未虑及宿主和种群，它们退到了物种鲜明的天性和内在的神秘之中，即中间地带看不见的无限丰盈之中。

威廉·詹姆斯笔下的世界——过剩的自然——预示了科学哲学家南希·卡特莱特关于世界是斑驳之地的论述：强力和效应漫溢其上，凝结而多变，推动它的与其说是（普遍的、不相关联却可以识认的）法则，还毋宁说是诗意。这个世界是一个充满模仿和诱惑的王国，其中满是共振、补充物和艺术表演，它的结构浮现、粘合，冒着泡，转瞬即逝，彼此融合、断裂。我关于狂野和驯良、顺性和野性的图表，讲述的并不是语法或范式，而只是一张草图、一则测绘、一种舞蹈编排。或许它也表达了一种爱欲，预示着类同和断裂之间的淆乱。

　　一处花岗岩围成的简陋院墙，远处的上冲力和地震压把院墙的石块震得四处散落；沿着嶙峋的屋脊，在一处未经修建的草坪边缘，一丛丛臭椿的幼苗倔强地簇拥生长。它们是远处高树那芜杂的回忆，是后者遗落的子嗣，是它苍翠心材的浅色细叶，是从许久以前隐秘埋下的赤籽上燃起的木质红焰。

　　野人、野兽与野地，皆野性所事之物。就掠夺性的特质而言，树的野性可能往往显得贫乏而受制。它们似乎更乐于以群体的方式来显明它们的野性，比如森林或树丛，抑或像是德国的森林（Wald）。我们所遇到的德国森林都表现出书本上所说的那种原始的野性之力。但作为事物本身来说，是否存在某种东西会像树一样，没有叶柄、温良驯顺、硕果累累，但它却是狂野的呢？树取了静物的特征，但不可思议的是，它们会移动、成长、耸立、庇护、受伤、流血、喂养、繁育、衰老和死亡。树所做的事，既可如莽莽荒野，又能似苍苍野木。

　　近几十年，"重回自然"（rewilding）这个概念甚为流行：它指的是通过一系列的管理干预，人们可以把他们认为已然是废墟的地方重新修复成一个稳定的生态系统。也已有人严肃地提出倡议，吁请复苏北美的零星水牛大平原或欧洲的"猛犸草原"；在那些资金充足的实验室里，生物学家们不厌其烦地致力于研究有序基因组、新式的候选替代品以及生态掩体，希望最终能使雌黑禽、旅鸽和长毛象这样的灭绝物种起死回生。"重回自然"这一概念催生了一种空想的生态学并使之具体化，它是浪漫

32 主义的，描述了人类堕落之前的图景。在这种生态学中，要么根本没有人类，要么人类就是以野人的形式出现，他们根本不会择室而居，荒野就是他们的家园（*heimlich*）。[1]

在此，我想重新激活一个已广为人知的旧术语——迷狂（*bewilderment*），用它来取代"重回自然"。这个术语把野性同危险性、神秘性以及溢出风俗和品类边界之外的那种放逐性相混合。萨穆埃尔·约翰逊，伟大的英语词典编纂家，把迷狂定义为一种"希望觅得坦途……却最终迷失于无路之境"的状况[2]。这种境况往往出现在边界之地，逶迤于栅栏和篱

---

1 对"重回自然"的讨论可以参见乔治·S·蒙比厄特的《狂野：重回土地、海洋和人类生活》（George S. Monbiot's Feral: Rewilding the Land, the Sea, and Human Life [Chicago: University of Chicago Press, 2015]），尽管蒙比厄特的"野野"概念与我的不同。

2 Samuel Johnson, *A Dictionary of the English Language* (London: 1785)。2015 年 8 月 15 日检索自 https://archive.org/stream/dictionaryofengl01johnuo#page/n251/mode/2up

墙，或置身在城镇之间的荒地。这些地方都是
臭椿钟爱之处，它们在此繁茂成荫，蓊郁葱
茏。迷狂近乎幻术，它也是赫尔墨斯（信使之
神、狂野之神）的栖身之处。在我们这个有高
级公路分界带和微风走廊、有高架桥和空地的
世界上，野性和迷狂便成了臭椿的成长习性、
物候节律、生命方式和类存在（species-being）。
经由迷狂——使我们自己沉迷于树那不循常理
的丰盈之中——我们或许可以在树的身上找到
花园，在温顺之中觅得野性，在驯良之中窥见
狂野。

第二部分

花园和森林

在树木博物馆

我们回到了植物园，这里的丰盈不再是不循常理的。果园、萌生林和满坡葱郁的植物构成一派祥和的景致，直向你涌来，仿若闪着亮光的杂志一般。一条宽阔的柏油路在我们面前慵懒地伸向远方，道路在前方几百码长的地方突然上折成陡坡，坡上长满了丁香花，像一座隆起的花山。左侧，成排的树围抱着一片低洼的草甸，草甸外面，阿伯道上的车流鸣着喇叭飞驰而过，白噪音水平标示出城市极致的喧

器。现在，当我们转身穿过草甸，一棵奇伟的
树横在我们面前，那是一棵高耸入云、枝繁叶
茂的臭椿，像一只粗壮的圆瓶。和它在其他地
方的同类一样，这儿，这棵仲夏之季的臭椿繁
花似锦，正作为样本（因为它的确是一个样
本）展示着它生机勃勃的红色花序。漆树浓密
的枝叶在充满弹性的草皮上投下一圈圆形的阴
影，它们围抱着树，荫蔽着树，不时宣示着红
润伟岸的身姿。

斑驳的灰色树干上张贴着一幅很小的黑色
海报，上面写着无衬线体的文字，内容如下：

千头椿

红果型（f. erythrocarpa）

天堂树的一种

产自中国

苦木科

695 - 80'B

46　　　尽管这些海报严谨而简约，但它们却提醒我们植物园乃是生物的群集——一种树的博物馆或动物园。对那些临时访客而言，植物园是一处方圆285英亩的宽阔山野，叶片和落叶让它看起来显得格外舒柔。这里，丁香花芳馨泉涌，成千上万的波士顿人在母亲节聚集于此，一同野餐；汉姆洛克山的林间空地上，高耸的针叶林正从球蚜的蛀蚀中恢复过来；成排极为精致的盆景，内有干瘪的云杉和小小的枫树，其中一些的树龄甚至可以上溯到十八世纪；伯西山上的探险者花园里，遍布着来自世界诸多奇异之地的木叶植被。走在植物园中，感官的愉悦翩然而至，不禁令人频频回眸，你也会发现北半球木本植物的生物多样性呈现出明显的空间分布特征。

而包含在这些景致中的，是刻写在这些植物身上用来标识它们或为它们命名的编码，它们提供了处理和思考树的各种方式——心智习性、感觉和知觉上的反应，其中有一些触及了我们提到的有关野性和顺性、狂野和驯良的范式（而其他人都跳过或忽视了这些特点）。正如生物学、生态学、植物学的研究所显示的那样，植物园里这成千上万的树遵循着一个计划，这个计划基于边沁-虎克体系，一个十九世纪有关种子植物分类的体系（稍后我们会详述这种分类学，它包含着无穷的可能性，我们可以通过树状图来想象和把握它）。这种树的植物学信息也被列入了上文提到的海报的索引中，海报对树在植物分类学上的科属情况做了说明。

臭椿在植物分类上属于苦木科，这一科的各种植物多半分布在东半球和西半球的南部热

47

带地区。这一科中，产自中国气候温和之地的
臭椿是个例外。不过，它和植物学家们所熟悉
的它那遥远的同类们却有着相同的秉性。最近
发表于《巴西药学杂志》（*Revista Brasileira de
Farmacognosia*）的一篇评论（2014 年）写道：
"这一科中的这种植物，长着互生复合叶或完
全叶，没有裂纹，有的有刺，有的无刺。一般
情况下，它们的花在叶茎中央团团锦簇，有的
花萼相连，有的则是离萼的，它们的花瓣都不
相连，花蕊的数量是花瓣的一倍，通常都带着
花丝。"除了这些解剖学上的明显特征之外，
植物学还借用了一些生理学、生物化学和基因
学的术语来描述臭椿的特征；在《巴西药学杂
志》发表上面这篇文章的那些作者把这类植物
称作"一种颇有前途的生物活性分子源"，认
为其"有着巨大的研究潜力"。在其他地方，
文章的作者将这些生物活性分子称为"苦木

素"（也即生物碱、三萜烯、类固醇、香豆素、蒽醌、类黄酮）和"次级代谢产物"；此外，他们也很乐意称之为"味苦之物"。[1]

臭椿释放出的苦木素被称为"臭椿酮"，它会抑制其他植物的生长。据说这种物质可作为原生植物的除草剂，以及经核准的园艺变种的除草剂，这也是臭椿何以遭到园艺家诟病的原因之一，尽管拥有这种能力的远非天堂树这一种植物。不论哪种植物，它们生成的"异株克生化合物"（allelopathic chemicals）的域（domain）都是巨大的，尽管公元前 300 年泰奥弗拉斯托斯（Theophrastus）对此情状已有

48

---

1 Iasmine A. B. S. Alves, Henrique M. Miranda, Luiz A. L. Soares, and Karina P. Randau, "Simaroubaceae Family: Botany, Chemical Composition and Biological Activities," *Revista Brasileira de Farmacognosia* 24, no. 4 (2014): 481–501。2015 年 8 月 15 日检索自 http://www.scielo.br/scielo.php?script=sci_arttext&pid=S0102-695X2014000400481&lng=en&tlng=en. 10.1016/j.bjp.2014.07.021。

所言明（尽管说的不是臭椿，而是藜草和苜蓿的关系），但我们至今对此仍知之有限。生成的这种化合物即是"次生代谢产物"——它们是新陈代谢的副产品，对维持植物的生理所需而言其实并不是必要的。此外，我们还要感谢光合作用所固有的混杂性，因为植物可以藉此释放出大量的生物制品，其中一些对植物与世界的相互作用形成了广泛而深远的影响。

臭椿样本在海报上被列入植物分类中的苦木科，其实，在边沁-虎克体系中，臭椿也可被纳入"苦木群"（cohors SIMARUBEÆ），尽管在此它属于一系列截然不同的目（orders），而这些目比现在流行的分类体系所划定的层级要高。后一种分类体系——其形式表现为高中生物学即已熟悉的纲、目、科的分级图表——是由国际植物学会议（International Botanical Congress）通过的，该会议是一个标准化组织和审议机构，其成员多是来自世界各地的植物科学家。他们的审议结果最终辑成《国际藻类、真菌、植物命名法规》（*International Code of Nomenclature for Algae, Fungi, and Plants；ICN*）发行。这个法规被视为植物学领域的拿破仑法典，它把关于植物的科学描述法典化和规条化了。它的科学系谱可以上溯到1753 年，这一年林奈（Linnaeus）的《植物种志》（*Species Plantarum*）一书出版。就其取代和超越了该体系此前所有的版本（包括边沁-虎克体系这样的竞争性版本，而这些版本希望在植物园这样的地方寻找鲜活的生命，谢天谢地，幸亏有寸步不移的长寿树木和地方的风俗习惯为其提供便利）这一点来说，此书的出版可谓确立了林奈传统的源头。在海报上，我们也找到了林奈式的种属标志以及独特的用语（这次更进一步加上了 *erythrocarpa* 这个名称，

49

借助这个带有"红色"和"种子"之义的希腊词，这个名称更凸显出该物种所具有的那种典型的混杂特征。）树的信息没有以中心对称的形式排列，而是用更小的字体写于左侧。这棵树的序列号是一个公式，这让它在树木群中有了一个位置、一段历史，尽管这个公式只标出了初始时间而未写明终止时间，但毋庸置疑，树皆有其尽时。这个序列号把这单株的有机体放进了它那作为整体的同类之中，在植物园这个想象性的群集中为它安设了一个位置，植物园补充说明了它在这个星球上的地理坐标，但这显然并不等同于它的身份。这棵天堂树样本的数据信息，即它的元数据地址，记录如下：

红果千头椿

序列号：695 - 80

登录日期：1980 年 6 月 24 日

分类单位：门

出处：来自美国马萨诸塞州的栽培料   50

地址：查尔斯河东北沿岸 128 号公路

收集者和（或）收集编号：戴尔·崔

迪奇，P. S. N

来源：戴尔·崔迪奇，阿诺德植物园

这一序列的活植株

单体植株-地址（坐标或其他）-象限

（如适用）

B   8   SW

这是 695 - 80 在 BG - Base 的入口，BG - Base
是一个专业的植物学数据库，在该数据库中，
植物园可以记录其历史上 70000 余棵植株的序
列号和生殁时间（萌芽、分枝、嫁接、剪枝、
开花以及逐渐衰残），其中当然也包括现在还
活着的植株。同时，这个数据入口也把单个的

植株同包含相关记录的公开出版物相关联：尤
其是《北半球寒温带地区栽培的耐寒树木索
引》（*Bibliography of Cultivated Trees and
Shrubs. Hardy in the Cooler Temperate Regions
of the Northern Hemisphere*）[1]。这个在上述记
录中用超链接标出来的入口，指的是图书馆里
的一本书，书架上的一个位置，在这里面我们
可以找到一份有关臭椿及其庞大种群的长长的
书单。只敲击了几下键盘，我们就从海报来到
了图书馆的书架记录，横越了由序列号、林奈
二项式以及空间定位所连成的一道道关卡，其
中，每个铰链都连接着时间与空间、话语与静
默，知识与蒙昧，以及无限丰富的未知之物。

　　这个数据库让我们了解了许多故事。正如

1 Alfred Rehder, *Bibliography of Cultivated Trees and Shrubs Hardy in the Cooler Temperate Regions of the Northern Hemisphere*（Jamaica Plain: Arnold Arboretum of Harvard University, 1949）.

我的同事雅尼·鲁吉萨斯所解释的那样："哈佛植物园自其 1872 年建成以来的所有发展和使用情况，都有数据可查……管理数据中既包括活植株，也包括已死的那些植物，在植物园这样的地方，生物只是作为信息而存在。"[1] 如今，在佐治亚理工学院，鲁吉萨斯已加入了我们小组在植物园的工作，他在 2013 年加入时就已是一名训练有素的科学研究者，并且有他自己对数据驱动设计的独到见解。他花了几年时间观察植物园生物种群的行为方式，他不仅观察方圆 281 亩的树木活体，同时还查阅藏有干燥标本样本的抽屉和文件夹、种子仓库、冷冻或防腐的组织样本，以及像地图和田野笔记这样的档案材料。在阿诺德植物园这样的地方，即便树看起来变成了数据，被化约成了数

OBJECT LESSONS

---

1 Yanni Loukissas, "The Life and Death of Data" (2014), http://lifeanddeathofdata.org.

据，被转化成了它们群落之外法则和体系的默迹，但就其本身而言，这些树却是引人注目的，更是生机勃勃的。通过鲁吉萨斯在元数据方面的工作，我们了解到，植物园的树会发出声音，它们能在索引卡片、植物标本台纸、光滑的按键这些以数字化的形式呈现数据的地方用一丁点儿的方言断断续续地言说。

52   通过对集成数据的深入研究，鲁吉萨斯发现，那生卒皆在植物园的 70000 棵树有着不同的波长，这使我们体认到植物园在植物学、环境科学和波士顿这座城市中所起到的重要作用。十九世纪七十年代，科学和景观建筑的联姻，宣告了植物园研究工作的兴起，对树和其他生物的研究，以及关乎公园和公共空间的设计，是同时开启的两项工作。当时，植物学还处于达尔文式的阶段，但依照启蒙运动有关秩序和理性的戒律而提出的各种分类体系，此时则转化成了关乎生命史的故事。

另外，此时的公园也处在转变之中，它原本是贵族的奢侈品，现在则逐渐转化成维多利亚时代用来提升社会性和个性的一种东西。这种法则最重要的奠立者，是弗雷德里克·洛尔·奥尔穆斯特德，他是纽约中央公园的设计者，同时也是景观建筑的先驱。除此以外，这种转变还有其象征意味。对奥尔穆斯特德的"翡翠项链"设计而言，植物园可以说是不可或缺的。在一定范围内，奥尔穆斯特德关于公园是社会节能电池、是滋养周边景观的贮藏室的想法，恰巧与植物园的建立者查尔斯·斯普拉格·萨根特想要讲述植株生命演变故事的愿望不谋而合。[1]

奥尔穆斯特德的设计起初并不是关于自然

---

1 See Ida Hay, *Science in the Pleasure Ground：A History of the Arnold Arboretum* (Boston：Northeastern, 1994).

史的，而是有关城市及其问题的。对奥尔穆斯特德来说，公园可以屏蔽城市参差不齐、烟雾蒙蒙的天际线，使工薪阶层仿佛置身于乡野之中而忘却了工作的愁烦，它们以其蜿蜒的林中路、乍现的草地和灌木丛向人们展示出了田园牧歌般的无限静谧。这种挑战不只是美学上的，更是物质和机能上的——而树是解决这一问题的关键。"阳光和树叶能净化空气"，1870年，奥尔穆斯特德在波士顿洛威尔研究所的某个地方说了如下这段话，而此时植物园才刚开放不久：

> 树叶的荫蔽，也是一种机械式地净化空气的方式。不时地逃离商业区凝滞而糟糕的空气、借树荫之下干净的空气来润肺（近来阳光之下的空气也变得干净了），以及从需要警惕、戒惧和防范他人的状态中

抽身出来——如果我们可以从经济上为这些行为提供机会和动机，那么我们的问题就可以迎刃而解了。

奥尔穆斯特德后来指出，这个观点中，必不可少的是对"植被深度"的要求，"……它不但要在炎热的天气中给人们带去舒适，同时要使城市完全被我们的景观*掩藏起来*。"（斜体强调部分系笔者所加）奥尔穆斯特德并没有反城市，相反，他对十九世纪城市飞速转变和扩张的方式体察入微，这个时期城市同时在纵向和横向上迅猛发展，把居住区和工业区混杂在一起。

现代城市在上述条件下对树的使用和滥用，令奥尔穆斯特德感到非常震惊：

树通常栽植于人行道周边的区域，如　54

果这些地方靠近农村或者城郊，还是幼苗
的树一般不会占据太多的道路空间，但当
它们长大一些，而周边区域又变得更加繁
华之后，它们就会占据越来越多的空间，
而行人又往往更需要这些空间。……每年
都会在一定范围内栽植成千上万的树，尽
管明明知道这么做可能会导致它们集体死
亡，或者会限制它们的活力以至于它们无
法自由烂漫地生长，又或者是会导致它们
早衰。……如果不巧，它们有幸长得非常
漂亮的话，也仍然可能在某个时候因为妨
碍了高速公路而惨被治死。[1]

奥尔穆斯特德所在的这座城市，其中的树

1 Frederick Law Olmsted, "Public Parks and the Enlargement of
Towns," in *Writing About Architecture : Mastering the Language of
Buildings and Cities*, ed. Alexandra Lange (New York : Princeton
Architectural Press, 2012), 123.

不应只是有着浓密枝叶的植物，它们还应是美丽的、清洁的，是有着市民气息的。在植物园里，这个所谓"温良市民"的看法有其关乎教育的视角，因为这些树也被要求用来指导人生。这也正是园艺学家——植物园的创建人——查尔斯·斯普拉格·萨根特的勃勃雄心。尽管植物园中起伏有致的景物同奥尔穆斯特德执著的田园牧歌情结相得益彰，但却和萨根特所追求的施教分明不合符节。"为植物园的陈设找一个合适的方案，这对我来说总是无比困难"，他写道，"这个地方或许可以为公园提供更多的美感，但如何因地制宜地摆设陈列之物，却面临着更多的困难。比如，在博物馆里，我们可能需要给许多活样本安排合适的位置。"[1] 最终，植物园在设计问题上达成协议：

55

---

1 Hay, Science, 3.

陡仄的路面和显眼的小山不但要成为田园牧歌，也要成为园中植株的亲友睦邻——它们是一篇篇只有行家才能全然领会的渊深雅致的韵文。

这是植物园最初几十年的至伟雄心。此后，奥尔穆斯特德的景观美学则逐渐为一些设备的科学工作所取代。在十九世纪帝国主义殖民进程达到高潮的时期，这些设备的科学工作是通过探险和掠夺的方式展开的，当时，这一方式几乎为所有的收藏机构采纳。1816 年，雅典帕提农神庙的雕带以"埃尔金大理石雕"（这个名称是重定的，为的是纪念厄尔伯爵，尽管他在讲到这些石雕时显得含糊其辞）为名入藏大英博物馆。在十九世纪四十年代早期，为了丰富新建成的华盛顿史密森尼博物院的馆藏，美国考察探险队周行世界，带回了一件有着 50000 个样本的植物标本以及一大批的动物样本和史前文化古器物。美国自然历史博物馆是一座富藏知识的宝库，这些知识财富来自植物学家、人种学家、昆虫学家和地质学家，以上的这些学科，作为科学的专业化门类，渐次发展出了它们各自的知识体系。在整个西方世界，十九世纪中叶的收藏都始于在科学的名义下所展开的殖民掠夺，这些藏品多半都是通过殖民掠夺所获得的战利品。而植物园恰是那一时期的产物，科学家们爬进中国清朝的山谷，找寻那些奇美而独特的树，让它们自己讲述自己的故事。

　　时至今日，这种外侵的、全方位的、世界范围内的藏品收集方式，其问题仍被刻意地掩藏着，当然，它也遭到了米歇尔·福柯和其他学者一系列强有力的批评。关于事物恒定性的假设，我最喜欢的评论来自诗人 W·H·奥登。奥登在他的诗作《物》中这样写道："如

56

果形状可以因此存留它们的边缘，那么所有的
分离就未必是一件坏事。"[1] 物被分离成具体的
数据点，这是博物馆的最高虚构（supreme
fictions）之一。众所周知，物不能始终存留它
们的边缘，比如，要让第 11 代埃尔金伯爵托
马斯·布鲁斯明白伯里克利时代雕带的含义，
显然会是极其困难的事[2]，因为在他从帕提农
神庙废墟的大理石矩阵中砍下雕带的那一刻，
就已经表明了他所信的是什么。

　　在植物园这种标本园里，上述问题就变得
更加显著，也更加复杂，因为树会以其无尽的
生命热忱蔓延生长。到二十世纪早期，植物园
中，主要是亚洲树种那数量庞大的随行者
们——树和灌木的纤维组织中所携带的昆虫、

1　W. H. Auden, "Objects," *Encounter* (January 1957)：67.
2　此处说法似乎有误，托马斯·布鲁斯应该是第 7 代埃尔金伯
　　爵。——译者注

真菌以及移植的维管植物——从"翡翠项链"的美丽疆域潜行而来，让苗圃、花园和后来很快就消失了的北美森林都意识到了它们的存在。"侵入物种"问题，与其说显露了狂野生物自身内在的道德特性，毋宁说在在渲染出了一个无休无止、疯狂攫取的时代。在二十世纪中叶，新组建的美国农业部对植物园严加斥责，并在随后的数十年里禁止后者的研究所再进口新的样本。

57

在此期间，植物园重新解释了它的任务，将其紧紧维系于奥尔穆斯特德的遗赠，即公共绿地所带给我们的身体上的康健和精神上的清洁。植物园从此变成了一个生产园艺知识的中心，在讲述生命之树的故事之外，它还尤为强调树的设计可容性（design affordances）。植物园钟情于舶来之物，即表明它已不满足于仅仅关注作为赤裸生命的树本身，而是开始探究如何进行人工移植了，在这方面，苗圃的培植工艺已卓见成效。但正如雅尼所指出的，直到二十世纪七十年代早期百年庆典之时，植物园才开始重新发布正式文件，要求开展植物科学、生态学和基因学方面的研究。据鲁吉萨斯的观察，那时，科学家们开始"通过和亚洲的研究机构建立新的合作关系"来开展他们的田野调查，"并且围绕迫在眉睫的全球气候变化问题展开深入的讨论"。

鲁吉萨斯指出，这些关注重心和兴趣点方面的转变，都隐藏在数据库中，也可由数据库揭示出来。他论及植物园的那篇文章，一篇非常重要的杂体文——一半是散文，一半是罗列数据——探究并讲述了树借助植物园的元数据想要告诉我们的一些故事。在文章的左栏中，一组像素表示的是七万多株树和灌木——它们的树龄比植物园的历史还要长（也就是说，它

们都被认为是植物园中适合当作样本来进行设
计的树——因为正如我们在伯西溪草甸这样的
地方所看到的那样，树能够以不合群的方式生
活在植物园里，它们作为活生生的植物可见可
触，但在数据中却渺无踪影）。数据库中备案
的树，大多早已死去，很久以前就叶落归根
（这些树躯干衰残，渐渐湮灭于地面边缘的孔
洞，孔洞是一些状似小房间的废弃的菱形花岗
岩，里面成堆的木浆和碎木翻飞，在受热发酵
后变得蒸汽腾腾）。但在数据库里，活植株和
死去的树看起来并无分别，因为数据勾勒出的
乃是作为收藏机构的植物园形象。哪怕所有的
树都活生生地立在那里，它们讲述的故事或许
也会被大大地化约成千篇一律的版本——编
号、树种、产地——这一切抹杀和取代了树那
无穷的个性以及关于其来处和归途的独特
故事。

　　鲁吉萨斯在他文章的散文部分为这些减省和删刈大鸣不平，他盛赞我们的朋友彼得·戴尔·崔迪奇对生命形式的倚重，批评元数据的采用最终使得丰富的生命形式遁于无形。在造访植物园的"探险者花园"——这个花园里最引人注目的是那些主要来自亚洲的珍奇样本，它们在一座仿若眉黛的小山之下蔚然成荫——期间，戴尔·崔迪奇就表达了他对那儿的植株喜爱之至。"我同这些植物心有灵犀"，这是鲁吉萨斯记录下的戴尔·崔迪奇当时的话。"那株小小的植物，香榧（*Torreya grandis*），1989年我在中国的时候就收藏了。所以，这里的许多植物，就像是我的孩子一样。"香榧，有时也被称为"中国肉蔻红豆杉"（Chinese nutmeg yew），它有着紫杉一样平滑的针叶，粘粘的树胶，悬饰着棕榈一样的叶子。香榧也像紫杉和其他一些被当作针叶树的裸子植物一样，它没

59

有叠瓦状的锥形球果，相反，它的果身长满了麻点，被称为假种皮，比较像那些开花植物的果实。这一特征其实也不是它独有的，比如，你也可能会看到紫杉长着浆果状的假种皮，被整饬的方形树篱和前院颀长的灌木围着，在针叶的树荫中像覆盆子一样充满活力，恣意生长。一旦涉及性的方面，树就会变成技艺精湛的演员；开花植物也会模仿针叶树，来自亚洲的化香树（Platycarya strobilacea）有着小而有翅的种子，它们从植物学家们称之为"果序"的果实结构中向外撒播，而果序在这个结构中特别像是锥形球果。[1] 紫杉假种皮的果肉粘湿而甜腻，在它底部有一个极小的舷窗，朝里面看可以看到一个和橡皮擦差不多大的子弹状的种子。紫杉的假种皮是可以吃的，但它的种

---

1 William Friedman（Director of the Arnold Arboretum），Facebook post，August 15，2015，https：//www.facebook.com/william.friedman.583

子——和紫杉的其他部分（从针叶到根茎）一样——却有剧毒。鸣禽在这些紫杉的果实间欢快地飞来蹦去，整个儿地吃下这些果实，但它们的肠道不会消化紫杉的种子，而是直接把它们排了出去。目前，我们主要是把紫杉当作木本灌木，对其采取边缘种植的方式；但在西方，紫杉和人类之间的互动经历了漫长的历史：它们富于弹性的木料常被用来制弓，而那些树龄绵长的植株则常常出现在中世纪教会的庭院里，向前基督教时代的树木讲述着它们自己的圣俗之用。据史载，凯尔特部族曾用紫杉之毒自杀，誓死不向恺撒投降。尤克特拉希尔（Yggdrasil），北欧神话中的世界树（这则神话中，奥尔丁冒死把自己吊在树上，最终发现了书写文字的秘密），曾一度被认为是白蜡树，但今天的学者却持有异见，认为这树应该是紫杉。西欧随处可见的教会庭院中的紫杉，是今

天世界上最古老的物种之一，其中一些的树龄
甚至可以确切地上溯到前基督教时期。它们或
许可以讲述紫杉那已然湮灭的神圣意涵，因为
早期欧洲教会的选址通常都坐落在那些对凯尔
特和日耳曼部族来说非常神圣的地方。但同
时，这也反映出紫杉可怕的毒性，因为栽植这
些树，也是为了警戒牧人远离教会墓地的那些
牛羊。如今对紫杉采取边缘种植的方式，把它
们修剪和打理成灌木树篱而不是任由它们漫无
边际地长成多枝多干的树丛，或许就是从上文
这后一种用途开始的。今天，我们不再使用紫
杉的毒性了，但对它们奇特的假种皮的颜色，
我们却宝爱有加，他们明亮的色泽吸引着冬天
的鸟儿们群集于此。

　　香榧的假种皮比紫杉的要大一些，而且完
全是合上的——阿月浑子果大小的小葫芦上布
满了冷色调的绿纹；它的种子看起来半似肉豆

蔻半似杏仁，也是可以食用的（而且还是小食
中的珍品）。"探险者花园"中的香榧都是从种
子开始长起来的，而这些种子则是彼得·戴
尔·崔迪奇在一个中国的市场上找到的；就像
鲁吉萨斯所说的那样，这个出处印证了植物园
中许多树木所经历的那种种奇异之旅：

61

香榧的相关信息及其与戴尔·崔迪奇
的关系，这些数据完全都可以在植物园的
数据库里找到。……戴尔·崔迪奇的身份
是一名"收藏家"，而不是像他自己所说
的那样是一名"先驱者"甚或是"驯养
师"，尽管他现在确实是在负责波士顿地
区的植物再生产工作。"收藏家"这个词
的确道出了戴尔·崔迪奇和植物之间的科
学家-样本关系，它既没有强调崔迪奇的教
师角色，也没有凸显作为园艺学家的崔迪

奇和他培植的植物之间的驯养关系。而后
者更能揭示出崔迪奇在这一特别的时刻把
香榧看作自己儿女的那种亲密关系。[1]

植物园的数据库可以反映其藏品的消长情
况，但未必能揭示出树与人，以及我们如何了
解、治理和表述它们（即我们处理树［*doing*
trees］的方式）这三者之间整个的网络关系。
鲁吉萨斯认为，元数据试图在"还没有形成充
分解释的情况下"来描述"香榧这样的植物是
如何濒于灭绝的：如果说得更形象一些，就是
它们是如何被连根拔起，然后被放在一个新的
社会文化语境中来重新加以定义的。……戴
尔·崔迪奇把'原始数据'比作种子。一粒种
子不能发芽生长，其原因可能有成百上千个。

---

1 Loukissas, "Life and Death."

'除非你知道如何来解释种子的行为，否则就不存在所谓的数据。'"

我坐在这儿，依次把树表现出来的植物特性、园艺特点、物质特征、显性性状、现象特质细细地想了一遍；我想到这些树不但能适应一时一地的风土，而且还能把这些东西同它们自身诸多隐性的神秘特质很好地协调起来，此时，我抬头凝视着窗外，恰巧看到一棵皂荚树伫立在街边——它的树冠甚至已经和我在四楼的办公室平齐了——好似要把它那向四周蔓延伸展的大树枝插进炎炎夏日轻拂着的暖风里。粗壮的大树枝笨拙地摇晃着，让我不禁觉得它仿佛是在恳请我放慢脚步，而它其实不过只是在为新生的形成层和心材欢呼，用枝叶打着节拍与重力共舞。

通过这些转换，其他一些思考和处理树的方式就彼此联系起来了。这里有一个园艺的维

度：即在园丁的想象中，树是如何成为一个受
关注的东西的，它又是如何在林艺家的实践中
占据重要地位的。让我们回到我们的那棵臭椿
样本，红果千头椿，苦木科的成员。它纹饰在
海报上的序列号是 695-80。这棵树运到植物
园的时间是 1980 年，它是第 695 棵。单从年
限上看，该序列号也表明这棵树是列在种植培
育的计划之中的，因此得到了管理员和科学家
的关注。而且，我们也发现，拿到这棵树的时
候它其实是"截断"的——也就是说它是从别
处枝繁叶茂的大树上砍下来的一段。从它的
"出处"（locality），我们可以了解到有关它来
源的一些激动人心的重要信息：它是从生长于
128 号公路的一棵树上砍下来的，而 128 号公
路是 95 号州际公路在波士顿周边地区分出的
一条半括号状的支路，它把整个波士顿的西部
围了进去。高速公路的路肩上满是臭椿，它们

63　　繁茂生长，而州高速公路部门则对此视若无睹，半挂拖车和通勤车辆疾驰而过，臭椿那热带植物的叶片因此也就不住地随风翻卷。数据库像一名客观中立的目击者一样记录着这污浊和狂野的来源，这些记录以一种极为冷静平和的方式通往神秘的边缘，显得有理有据，素朴自然。

　　植物园的树随即以多种方式来演绎（act）数据：特殊微观气候条件下每个独立的样本，它们或是作为有机体在不断地盛衰存亡；或是散布于植物园方圆281亩的抽象空间；或是存在于边沁-虎克植物分类体系所表现出的各种关系里；又或是数据库表格中那些整齐排列着的毫无差别的记录。树学会了人类的黑话，将语言的组合关系和聚合关系统一起来，彼此参照，又为序列号、索引卡和数据库入口确定象限和坐标。科学机构的其他工具也可与这些体系相参照：植物标本中被风干和压缩的树叶与枝干；档案中的纸质文件和盒装文件；图书馆中的书和照相册。

　　和香榧一样，数据库规规矩矩的描述性信息也抹煞了这棵天堂树藏品所蕴藏的那些独特的细节。"负责人说他看到沿着高速路疯长的臭椿花繁如焰"，彼得·戴尔·崔迪奇几年前的夏天曾这样和我说，"然后他让我去把花摘下来。而最后我们就是这么干的。"我和基尔第一次同彼得去伯西溪草甸的时候，彼得已经是植物园荣休的高级研究员了，尽管那时他也还是哈佛大学设计研究生院景观学专业的讲师。很少有同时受过园艺学和科学训练的植物学家，但戴尔·崔迪奇绝对是其中一位。他在植物园中工作了近四十年，在此期间，他负责过盆景的修剪、移植过繁茂的灌木，也做过其他一些当由园丁和林艺家来做的工作，而最

64

终，他作为一名植物学家周游世界，致力于研
究北温带树木的生物学。彼得截取的样本
695-80，如今已长成参天大树，它逐渐泯除了
作为高速公路入侵者的狂野本性。而它本应像
另一类种子一样飘飞在小型钻井平台和摩托车
滑道中，以它自己的方式沿着公路和铁路上下
翻飞于东北走廊，在丛生的苜蓿间繁茂生长，
穿过近旁的路和天桥的路堤，驻足于路旁的街
区。但这不是说这样的本性让戴尔·崔迪奇感
到烦扰。实际上，这棵树似乎给他带来了不少
的欣喜——但凡提到臭椿，戴尔·崔迪奇总是
会浅笑着娓娓道来。毕竟他是伯西溪草甸的主
要研究员和草甸生态方面的指导者，在那儿，
高大而轻盈的臭椿总是屹立于苇荡旁的垃圾填
埋台。正是戴尔·崔迪奇——他说服植物园领
导层让他把伯西溪草甸作为一块"城市野地"
来管理——构筑了城市中这片鲜为人知又屡被

讯笑的绿色背景。

草甸的管理计划以较为中立的语词来描述 65
这种悖谬性的场景，它写道："阿诺德植物园
仍会一如既往地（*maintain*）把伯西溪草甸这块
地作为'城市野地'来管理，而不会把它看作
是一片汇集了充满活力的（*active*）植物藏品的
地方"（斜体为笔者所加）。这种表述存在诸多
互相冲突的地方：一如既往的野性（*maintained wildness*）与充满活力的藏品（*active collection*），二者被严格地区隔开。从展示的层面来
讲，所谓"充满活力"，就是要求一棵树必须
附着和忝列于数据库中，有其对应的方位、遗
产和公布的信息；在这个意义上，所谓的活力
并不是指向树本身（诚如现在所见，这并不是
说树是不具备活力的），而是指向植物园的展
示项目，即以特殊的方式来生产知识、来处理
树木。这是*抑制*（*Taming*）树木。（园艺学家

驯养［domesticate］树木；策展人则抑制
［tame］树木。）在草甸则恰恰相反，植物园仍
然保有一种野性（人们通常会认为，这种特质
表明了它们的习性实际超出了一般的保养范
围）。那么，被保养的是什么呢？植物园的工
作人员修葺石墙和铁门；安设指示标和长椅；
修剪会给路人带来危险的树木，移除藤蔓以防
它们阻碍树木的生长、活动和成熟，以及清理
阻碍溪水涓流的那些残枝杂碎。干预措施被非
常明确地写了下来："通过使用 GPS 技术，修
剪树木的宽度几乎已经精确到了分米"，管理
计划坚称，"修剪树木的宽度之所以要严格遵
循这一标准"乃是为了避免"影响以后数据的
完整性"。[1] 因此，即便在这儿，在植物园展示

---

1 波士顿城市保护委员会与哈佛大学阿诺德植物园之间的协议（草
  稿）。伯西溪草甸的运作与维护计划，于 2012 年 5 月 3 日修订。
  植物园向本文作者提供了上述文件。

的树木藏品外面的道路两侧，培植和保养的也 66
仍然只是数据——或至少是对某种数据而言有
利和有效的条件——而已。但是，对所有细致
的检测来说，草甸的边界和生命的区间却是游
移、芜杂和不确定的，他们与人类和非人类之
间存在协商与调节的关系。草甸的树木、藤蔓
和灌木同这种保养的沟通方式是狂野的，它们
用自己的专业习语来争辩，用它们的边界来
谈判。

　　伯西溪的臭椿，没有一株是作为样本记录
在册的。人们确实不会把草甸的任何一种树当
作藏品的一部分来看待；相反，它们在那儿是
被当作某种种群，被放在共同体中加以研究：
蜀羊泉的藤蔓紧紧缠绕着树枝，树枝则和棉白
杨争夺着光和土壤。（非常确定的是，有关它
们的数据是在这样的条件下收集起来的；一群
研究生在彼得的带领下观察伯西溪草甸的进

展。）在此，我们看到了作为有机物的树
（tree-as-organism）的另一个面向：其与植物园
里的实践形态既有所不同又存在重叠；树被看
作是一种根茎性植物，它们的躯干上没有器
官，这些躯干像水流或力一样不断地向四处延
伸，吸收水分，开枝抽芽，它们往上伸向空
际，填补着空间的罅隙。像生态图景中的戏剧
人物一样，臭椿和棉白杨，成排的杂草和粗壮
的树，在水岸的土台上群芳竞逐，上演着一出
出有关土著和侵入者的道德短剧。

　　春天，棉白杨种子的绒毛随着缕缕阳光的
跃动而兀自斑驳，每每有人行经于此，如丝如
缕的光线被打碎，天堂树那馥郁的香气便迎面
袭来。到处堆满纸板和废旧衣服的垃圾堆掩盖
了植物园苍郁的色泽；一株巨大的棉白杨倒在
一小块空地上，把这块地撕成了两片，而这
里，一片新生的臭椿树苗正仰起它们的花蕊，

寻隙生长。所以，在伯西溪，臭椿总是在找地方繁茂盛放，不被列入，却被注视着。同时，在植物园的边缘，花岗石的墙壁一路逶迤，贴着奥尔穆斯特德蜿蜒的林荫道，修剪整齐的树木则探入了毗邻区域的边沿。臭椿就在这里狂野生长，它们多半是丛生的幼苗和稚嫩的耐木树，其中有一些则是毗邻植物园耕地的那些样本树的后代。驯良、狂野、驯服和野性：这是我们人类处理树的方式，也是树回应我们人类的方式。

从臭椿到苹果　　68

为了丰富我们对狂野和驯良、驯服和野性的设置，我们可以把另一种树引介到前文的那个图表中——实际上，我们很乐意享用这种树的果实。我们的第一反应是，似乎很少有树能像苹果树这样与肆意的臭椿迥然有别。苹果树可以说是驯良之木的典范。而即便是苹果属的植物，同样也可能展现出其狂野的一面。与我们对野性的认知一致，亨利·大卫·梭罗曾对苹果兼有狂野和驯良之双重特性予以盛赞，并提到普林尼的论断："有些树既有狂野之性（*sylvestres*），亦有文明之质（*urbaniores*）"。梭罗继而写道：

> 泰奥弗拉斯托斯最后提到了苹果树；确实，在这种意义上讲，这是所有的树里最为文明的一种。它们像鸽子一样无害，像玫瑰一样美丽，又像牛羊一样脆弱。它的培植时间比其他任何一种树都要长，因此也就显得更顺应人性；但就像狗一样，谁又知道它们不会被再度唤起那狂野的本性呢？它们跟随人们迁居，就像狗、马和牛一样：它们或许先是从希腊到意大利，

继而到英国，继而到美国；我们这些西方
的移民始终带着口袋里的苹果种子款款地
走向日落之处，抑或是肩负着一些树木的
幼苗而步履不停。[1]

梭罗对人类自然史中作为同行者的苹果表　69
示激赏，预示了此后 E·J·萨里斯波利有关杂
草生态学的表述——它是对迁徙形态的一种描
述，一旦涉及诸如"本土"和"侵入"、狂野
和驯良这些在命名上颇有问题的特性，这一描
述就变得尤为重要。如我们所见，被生态学指
斥为"侵入者"的物种恰恰是我们的同行
者——是广泛的、闪亮的草本植物影子的一部
分，它们跟着我们离开花园或是非洲，来到黎

1 Henry David Thoreau, "Wild Apples," *The Atlantic Monthly* 10, no. 5 (November 1862): 513 – 26. 电子版见 http://www. theatlantic. com/past/docs/issues/1862nov/186211thoreau. htm （登录时间为 2015 年 8 月 15 日）

凡特、东亚和安第斯高地那硕果累累的田野，这些地方正是农业初兴之地。在苹果到了北美后，这个古老的故事再度重演。尽管此前北美大部分地区已经有大量野生的沙果，结着小拳头般大小的苦涩果实，但今天非常繁盛的苹果树却是一种引进的树种，在地理大发现时代，它们像先驱和引领者一样被人们带到这里，而这些人和他们的后嗣则都相信这种植物就是使人从恩典中堕落的那可怕的知识树。然而，正如梭罗所描述的那样，这种生长于果园和花园的树迅速捐弃了殖民文化的价值规约，很快就以狂野的方式在新的伊甸园中生长，而它们是与其他生物一同选择这种方式的：

　　不只是印第安人，许多本土的昆虫、鸟类和四足动物也都欢迎苹果树的到来。天幕毛虫在新生的第一根树枝上产下了它的卵，从那时起，它就显得对野樱桃倍加喜爱；尺蠖此时也差不多离开了榆树，跑到苹果树这儿来觅食。当苹果树繁茂生长时，青鸟、知更鸟、樱桃鸟、必胜鸟，许许多多这样的鸟类匆匆至此，在树上筑巢，在枝头啁啾，它们因此都成了果园鸟，在这里繁衍生息。这是它们种族历史中的一个时期。一只柔软的啄木鸟在它的树干里找到了美味的食物，它在树身上啄孔，在它飞走前把整个树干啄了个遍。据我的了解，这种事它以前从未做过。并没有花太多时间它就发现了苹果树甘甜的嫩芽，每个冬夜，它在树间飞来飞去，啄食着这些嫩芽，这给农民带来了无尽的悲伤。兔子，同样是没过多久就发现了苹果树枝干的美味；松鼠呢，在苹果成熟时，它们半捧半拽地把果实拖进洞里；连麝鼠

70

也要在傍晚时分越过溪流爬上河岸，贪婪地啃咬着苹果树的果实，甚至都为岸边的草丛辟出了一条小路；不管果实是否已经霜冻，乌鸦和松鸦都乐于偶尔品尝一番。猫头鹰飞入第一棵中空的苹果树，非常欢快地鸣叫着，把它当作了自己的栖身之所；所以从它飞进树洞的那一天起，它就再也没有选择离开。[1]

尽管梭罗对位于波士顿西边那个经过长久培植的标志性果园予以盛赞，但这里却尽是树的逃兵，它们俘获了梭罗的幻想，也符合他对背弃俗世的方式的喜爱：

71   大约在 11 月 1 日，我走到悬崖边，看

---

1 Thoreau, "Wild Apples."

见一棵充满活力的年轻的苹果树伫立于岩石间，枝繁叶茂，硕果累累，它们没有受过霜冻的侵害，光鲜的果实簇集于一处。树的周围是成群的鸟类，还有母牛。这棵苹果树狂野地生长着，绿叶繁密，看上去就像长满了棘刺一样。果实坚硬而青翠，让人觉得到了冬天它们就会变得分外甘甜。有一些在树枝上晃来晃去，一些则半掩于湿润的枝叶间，或是从枝头高高落下，滚到了岩石中间。管理者对此却浑然不知。除非看到山雀的出入，否则他对这棵树何时花苞初绽，何时果实初熟，都无从知晓。为了对它身下的绿叶表示尊敬，果实没有手舞足蹈，也没有人去采摘这些果实，据我观察，只有松鼠会去咬啮它们。果实其实承担了双重的职责——它们既是丰盛的收成，又要让每根枝条散枝伸向天空。苹果就是这样的果实！我们必须承认，它们比许多的莓果都要大，来年春天带回家，吃起来清脆有声，味极甘甜。如果我能得到这些，又何必对伊登的苹果向往已久呢？[1]

在梭罗的笔下，苹果选择了它自己的处世方式：它"模仿人的独立性和管理能力。它不是只能被人携带，如我所言，某种程度上，它也能像人类一样，迁徙到一个新的世界，甚至在那些本土的树木中四处开辟自己的道路；就像牛、狗和马偶尔的狂野不羁，也仍是其本性的显露。"因此，梭罗把这篇文章命名为《野苹果》，现在看来，也正是清楚地表明了他笔下的树是狂野的。它们和重力、风讨价还价，

1 Ibid.

对于把奔牛视为依附于地面的种群的那种看法，它们也是嗤之以鼻。

　　就算每年都要被剪枝，苹果树并不因此感到绝望；相反，每有一根枝条被剪除，它们就又新生两根短枝，沿着低处的地面，在空空的洞穴或岩石之间蔓延开来，这些短枝日渐粗壮，也开始变得粗糙，直到它慢慢形成金字塔形的、像岩石一样无比坚硬的小枝杈（当然此时它还没有变成一棵树）。这些苹果树丛，是我见过的最密集而坚硬的灌木丛，它们的枝条和棘刺都排列得非常紧密，看起来是如此坚不可摧。在植物中，苹果树最像矮小的冷杉和黑云杉，当你站在山顶（或偶尔在山顶行走）时见着它们，你会发现，它们所要面对的宿敌，乃是严寒。难怪它们最终要生就一副棘刺来帮助它们御敌。不过，它们的棘刺中没有有害物质，有的只是一些苹果酸。[1]

梭罗对苹果树表现出来的诸多形式非常在意，他也很关注它们讲述出来的故事。树总能激起我们对形式的关注。树的各种形式也让约翰·沃尔夫冈·歌德心驰神往，他在植物形式的设计和韵律中找到了一种有力的批判，这种批判针对的是主导十八世纪科学思想的那些经验模式和分析模式。对歌德及其后继者来说，它们尤为关注的是，树何以能够经年累月地表现出缓慢和耐久的形式。"树的成长"，戴尔·崔迪奇写道，"与脊椎动物截然不同。脊椎动物通常倾向于在生命的早期就充分挖掘出其所

73

1 Ibid.

有的发展潜力，进而在其成年之后尽可能长久
地维持它们。换句话说，就其发展而言，动物
是封闭的、完备的，而树则是开放的，是扩张
的。"[1] 戴尔·崔迪奇写道，这种开放性和扩张
性，是负责树木成长的组织——分生组织——
所表现出来的结果。胚胎组织会伴随树的一
生，准备为树的各种组织生产不同的新细胞：
软木或树皮，维管形成层，嫩芽和生长尖端。
分生组织遍布于整棵树："一种巨大的圆柱形
分生组织……分布于整棵树的外围。……分生
组织结构带来的一个直接结果，就是让树一生
中所经历的一切都深深地嵌入它们生命的纤维
（也即它们的木质结构）中。"树在一生中所表
现出来的形式是其内部生理过程和外部攻击、
所在环境之间进行持续对话的反映。

---

1 Peter Del Tredici, "Gestalt Dendrology: Looking at the Whole Tree,"
　Arnoldia 61, no. 4 (2002): 3.

戴尔·崔迪奇认为歌德所关注的是植物的形式（或形态学），这是一种把树视为客体的批判视角——在现代时期，这种批判视角并不为主流科学所采纳。把自己的批判与现代科学相参照，歌德便对植物的形态学表现出极大的关注，在有关植物异化的新兴科学中发现了分类学式的概括，而这种概括乃是缘于对生命的消耗。对歌德来说，林奈的分类体系，主要表现为将植物放入机制和形式上彼此无法跨越的界域，从而否弃了植物的生命——即植物的所有本性、作为一个整体的植物世界，其深层的精神和一致性。对林奈来说，解剖学上的差异表明的是神圣秩序所宣示和规定的那些无法越界的差异，与此相反，对歌德而言，形式的多样性就好比长篇辞章中的各种表述，或是单曲中流畅而诗意的华美乐章。歌德试图从植物形式的多样性中找出那原生的、最初的原型植物——本原植物（Die Urpflanze）——它不是作为原始的、已经湮灭的祖先出现，而是代表了一种理念，一种为所有植物生命所共有的概念。在歌德的科学中，存在某种唯心主义，一种柏拉图主义；不过，苏格拉底是将世界的价值和意义投放在那些没有物质形式、不可触摸的理念上，而对歌德来说，主导的理念形式显然更为轻灵，并非是意识形态层面的理念。这里，彼此和谐共鸣的各种表现形式，其所表达出来的内容才是问题的关键所在——这儿的形式并不等同于计划或模板，而更像是一种舞蹈，一种在时空中自然显露的事物。

　　这种关于原型的具体概念，也通过树的重复生长表现出来：为了应对天敌，反馈风、光和自然竞争所提供的机会，树会反复表现出它们最基本的结构类型。有一首诗描绘了这种徐徐展开的关乎主题和变体的反复，这种反复有点像赋格，它使树对自己的生命历程以及自己生长于其间的世界都表现出了强大的记忆力。"当树叶开始分离，或是从它们的原初状态发展出各种不同的形式"，据歌德观察，"它们就是在努力变得更加完美，就此而言，每一片树叶都渴望变成一根枝杈，而每一根枝杈也都渴望成为一棵树"。[1]

　　为了更亲近地观察，歌德的科学实践避免使用实验技巧和场面调度，以便更有效地沉浸于与世间万物直接的感性对话之中。尽管这种亲近自然生物(*natura naturans*)的方式在现代科学实践中已被弃用，但它仍是体验世界的一种极为突出和富有成效的方式。事实上，如果你像歌德一样关注于树木所讲述的故事，你也一定可以在一个陌生的地方确定自己的位置：

1 Johann Wolfgang von Goethe, "Preliminary Notes for a Physiology of Plants," 1790.

在北半球，树身南侧的枝条会倾向于向水平方向生长，这样就使树身显得极不对称，树身北侧的枝条密集，而且是垂直生长，南侧的树枝则像张开的臂膀。特里斯坦·古莱称之为"嘀嗒效应"[1]，这是对树那慢慢表现出来的富有节律的姿势——伸出膀臂，渴望阳光——的一种形象的命名方式。

关于树木的奇特能力——它的反复增长，一年一度的胚胎分生组织，形态的统一性和表现力——戴尔·崔迪奇在 2002 年做过一个明确而不可思议的描述："单棵树的形状可以类比成单个人的个性。……树在其一生中经历过的每件事都会印刻在它的形态上，即便在它还是幼苗时经历的再小不过的事，也是如此。树的躯体语言不止在当下讲述着过去带给它的影

76

1 Tristan Gooley, *The Natural Navigator* (London: Virgin Books, 2010).

响，同时也讲述着它对未来的承诺。"我们发现，对于个性的形成，我们也有着同样的认知能力，它深嵌于脑中，并逐渐通过社会行为表现出来。对于树来说，这种认知思维蕴藏在它木质的躯干中，也体现在它的生长过程和呈现形态中。尽管树看起来静止于一处，但我们还是能够发现它们是如何移动、交流的，甚至是如何彼此合作和竞争的，只是在时间的流徙中，这个过程实在是显得过于缓慢。但除了这些拟人化的特征之外，我们还需要了解树作为植物的存在、行为和言说方式。对亨利来说，苹果树总是会热情地同那些像它一样经营着自己狂野特质的人们进行交流：

> 它们属于像它们一样顽皮的孩子们——我知道有一些这样的男孩，它们属于田野中那些有着野性双眸的女子，对她

们来说，没有什么是不恰当的，它们捡拾着整个世界，而它们同样也属于我们这些行路之人。我们同它们遭遇，它们属于我们。这些长久以来始终坚持的权利，在一些古老的国家已经成了某种制度，在那儿它们学会了如何生活。[1]

然而，这样的对话却总是处在沉默的边缘。亨利以其惯有的先见之明，不无忧愤地想象着苹果树狂野联盟的终结：

我担心一个世纪以后，走过这片原野 77 的人将再也无法体会到敲落野苹果的乐趣。噢，可怜的人啊，他将有多少乐趣无从知晓啊！尽管现在的鲍德温果园和波特

---

1 Thoreau, "Wild Apples."

果园中苹果树到处都是，但我仍然怀疑，今天我镇上这些广袤的果园，是否也与一个世纪以前的相仿。那时，广袤的苹果园星罗棋布，人们喜欢吃苹果或是喝苹果汁，而光是果渣堆就可以围成苗圃，苹果树成本低廉，但运走它们却要颇费周章。那时，人们都可以买得起苹果树，也可以在墙边种满这些树，让它们自由生长。但今天，我们发现，再也不会有人在这样的乡野之地，或是沿着寂静的街巷，或是厕身山林的深谷种树了。既然他们付钱买了树，他们就可以把这些树移植在自家周围的平地上，用篱笆把它们围起来。所有的这一切，其后果就是我们最后不得不到水桶中去找寻我们的苹果。[1]

---

1 Ibid.

梭罗把野苹果消亡的原因，部分归咎于禁酒运动，而非饮酒之人。毕竟，栽植苹果，很多时候是为了要制造烈性果酒——十九世纪美洲最为流行的一种酒精饮品。但他发现其中还有其他的因素在起作用：随着大规模工业化培植方式的出现，移植和圈篱成了一种新兴的习俗，以至于"再也不会有人在这样的乡野之地……或是厕身山林的深谷种树了"。梭罗的观察似乎说明人们对土地的态度开始发生转变，这种转变在现代欧洲和北美持续了很长时间，到梭罗的时代更是进展迅速（那时，盎格鲁-美洲人已在康科德周边的原野持续垦殖了两百多年，他们垦殖的方式比几个世纪以前美洲土著所使用的方式要更温和，当然，这种方式也是经过改良的）。梭罗曾兼职照料他导师兼资助人拉尔夫·瓦尔多·爱默生的果园和树木，并得到了酬劳。[1] 我想，他言辞激烈地抨击把果园培育变成"移植（树木）在自家周围的平地上，用篱笆把它们围起来"的做法，莫不是对爱默生的暗自讥笑。梭罗死后，爱默生对他做过评价，认为"梭罗有着充沛的精力和出色的实践能力，仿佛就是为伟大的企业和领导工作而生的"，但到最后，爱默生却说"与其说梭罗是全美洲的管理者，倒不如说他是哈克贝里派对的主角。"[2]

　　梭罗赞誉有加的这种狂野的苹果树，今天确实很难在马萨诸塞州的东部找到；果园边界清晰，围有藩篱；玉米田里的冲刺、半小时的草车闲游取代了亨利的荒野漫步。然而，臭椿仍然找到了自己狂野的方式，即便是在瓦尔登

1　见霍顿图书馆藏爱默生论文《树》（Trees [1836–74]. A. MS. s.）、
　　《康科德》（Concord, 1836–74. 54f. [108p.]）。

2　Ralph Waldo Emerson, "Eulogy for Thoreau," *The Atlantic Monthly*
　　（May 1862）.

林附近的禁猎区内。它们沿着古老的剑桥-康科德收费公路（如今已是一条新扩的马萨诸塞州2号公路），在崎岖不平的堤岸和履带翻转的土方工程旁，一路上枝繁叶茂。在埃尔韦弗地铁站周边，臭椿那硕大的热带花瓣兀自绽放；鲜水池（Fresh Pond）旋转机械周围风箱里出来的风，把臭椿弯曲的花穗吹得上下翻转；它们的幼苗则在交通岛的混凝土裂缝中簇生成片。

　　我倾向于认为，这些四处生长、狂放不羁的"侵入者"一定会让康科德最应记住的儿子感到高兴。关于*自然生物*，在梭罗式的观点中，存在一种维吉尔式的暗示：欲望总是试图寻求秩序，总是渴望找到一个和谐而平静的国度。"我们不会忘记，太阳一视同仁地普照着我们的耕地、草原和森林"，在《瓦尔登湖》中，梭罗这样写道，顾念着他那些名贵豆类的

命运。"在他看来，地球应该像花园一样，各
处都应该得到合理的耕种……但我注目良久的
这片原野却并没有把我看作是它主要的耕种
者，它远离我，去接近那些对它来说更为温柔
的施予者，让它们来浇灌它，来使它越发葱
茏。这些豆类繁育良好，但并不是我的功劳。
它们生长得好，难道不应部分地归功于土拨鼠
吗？……丛生的杂草，它们的种子是鸟类的粮
仓，我难道不应为此而欢欣雀跃吗？"[1]豆类的
培育不取决于单方面的作用，而得益于外力和
效应的共同作用；豆类的生产是一个聚宝盆，
它向所有的一切开放。

　　梭罗应该会非常欣赏臭椿的狂放不羁；他
会认为这是狂猖精神的复苏，这种精神曾让野

---

1 Henry David Thoreau, *Walden*, *and On the Duty of Civil Disobedience*, Project Gutenberg edition produced by Judith Boss and David Widger, 1995, http://www.gutenberg.org/les/205/205-h/205-h.htm（登录时间为 2015 年 7 月 25 日）。

苹果显得魅力四射；同时，他也会认为这是一份承诺：只有充分展露自身的丰足，大自然才能找到自己的方向。和此前的斯宾诺莎类似，梭罗关注自然生物（*naturing*）——这是一种在物种、力和环境的共同作用下所形成的自然进程。树，聚拢一处，则成为森林——一种可通过气候纹理、生物多样性和文化纠缠所辨识出来的东西：譬如林地、木材、针叶林、北方林、森林、丛林、树丛、树林、灌木丛，以及许多别的有名、无名的群集。但树的效应和特征，作为一个整体，在树木群之中似乎构成了一个独特而显著的阶级，这个阶级有着生态的、文化的和现象学的维度。我们从作为物而存在的树里，发现了许许多多的品质和综合特征。

森林是一个系统、一个超有机体、一个超越于其自身之外的实体吗？对 1925 年的哲学

家阿尔弗雷德·诺斯·怀特海来说，森林确实
是一个重要的系统。在《科学和现代世界》一
书中，怀特海把单棵树的生平特质和作为整体
的森林的一生进行类比，最后惊奇地发现二者
并不同步。"单棵的树，"怀特海写道，"其自
身对恶劣的环境变化无能为力。飓风使它感到
窒息；叶子要经受气温的多变；降雨侵蚀着它
脚下的土壤；它的叶子离开树身，飘落地下，
成了肥料。"但在提到森林受到的外力作用
时，怀特海却没有列举上面这些事件，森林
是"树木得以枝繁叶茂的一种常见的形式"。
据怀特海的观察，在森林中，"每棵树在其成
长过程中都要舍弃其个体的某些完美部分，
但它们会彼此帮助，以保持整体的生存条件。
土质保持得很好，并且得到了荫蔽；其育种
所需的微生物既不会被烧焦，也不会被冻结
或是冲走。物种间通过彼此扶助而形成一个

整体，这方面，森林可以说是一个非常具有代表性的例子。"[1]

然而，对环境史学家威廉·克罗农来说，风、雨这些自然事故并不仅仅是某种附带现象，它们实际上会抵消森林那非常强大的平衡能力。"生态系统有它们自己的历史，"克罗农写道，生态系统有序演替的模型实际上打破了古典生态学"对均衡和高潮所做的功能主义式的强调"，这是古典生态学的一个典型特征，而在有序演替模型中，外界的变化在理论上则被看成是"干扰"。[2] 克罗农非常详尽地阐述道：

---

1 Alfred North Whitehead, *Science and the Modern World* (New York: Pelican, 1948).

2 William Cronon, *Changes in the Land: Indians, Colonists, and the Ecology of New England* (New York: Hill & Wang, 1983), 10-11.

　　某一种树之所以会选择在它原先的地方生长，这不仅仅是由一些生态因素（比如气候、土壤、坡度）决定的，同时也与历史的因素有关。一场大火可能会使森林原先的树种消失，而代之以另一种树木。一场风暴可能会吹倒整片森林中所有成熟的树木而让它们身下的幼苗再长出新的树冠。即便是一次小小的灾难，比如一棵大树的倒塌，都可能会形成某种微观环境，这种微观环境可能是在拔地而出的根部基座的阴影中，或开枝新成的树冠漏进的阳光里形成的（比如，一些新的物种就有可能会爬入那新成的树冠）……这样的事件……构成了生态系统的历史，其中常用一种独特的线性序列来描述那些经常发生的事件，而这些事件恰恰是作为科学的生态学所希望去描述的。[1]

　　我们是如何简单地把森林理解成一大群树的呢？从事科学研究的学者储格林·瓦（Chunglin Kwa）提出了理解复杂性的两种方式，*浪漫主义的和巴洛克式的*。这两种方式，一种关注的是系统将其作为整体看待的那些形态，另一种关心的是构成它们的那些不断变化着的细小的碎片。[2] 瓦把后者——巴洛克式——这种方式追溯到了莱布尼茨。莱布尼茨把自然界描述为由个体"单子"聚集而成的一个集合，它有着无穷的变化，总是在兴衰更替，可以变成各种形式。但对莱布尼茨来说，单子是

82

---

1 Cronon, *Changes*, 32 - 33.

2 Chunglin Kwa, "Romantic and Baroque in the Sciences of the Complex," in *Complexities: Social Studies of Knowledge Practices*, ed. John Law and Annemarie Mol (Durham: Duke University Press, 2002), 23 - 52.

一以贯之的，在《单子论》一书的第 67 节，他非常激动地描述了这种情况："我相信，物质的每个部分都像是青翠葱茏的花园或游鱼成群的池塘。每一株植物的每一根分枝，每一种动物的每一个成员，流体中的每一小滴，都是这样的花园或池塘。"[1] 对莱布尼茨来说，关键是要在树的*里面*窥见整个森林。

　　我想说，狂野，或许应被视作巴洛克方式的实现；因为狂野之物的行为方式颇似单子，它们中间的每一个，其自身都反映着一个世界，当然，它们同样也喜欢联合行动，只是这个群体总是临时结成的，它们并不喜欢控制论意义上的集合方式。相反，在达尔文式的进化论视域中，我们或许会认为，野性，就其本质

---

1 W. G. Leibniz, *The Monadology and Other Philosophical Writings*, translated by Robert Latta (London: Oxford University Press, 1898), 256.

而言，是浪漫主义的（瓦认为达尔文是浪漫主义的）。进化论和生态学都是把野性放在体系中来审视，顶级掠食者和蜿蜒曲折的河岸是健康、温和的生态系统的组成部分。在均衡的情况下，这些系统可以抵御大火和洪水这种单一事件的冲击。但请记住，对于罗马共和国时期维吉尔的那些读者来说，掠食者、大火和洪水都是从自然王国之外入侵的恶魔。有许多种方式来设定群体和个体、系统和单子、森林和树木。很显然，它们看起来并不平等：尽管植物园经过科学的策展、设计和规划而呈现出鲜明的美学特征，但它看上去仍然像是某种森林；83而单种栽培的林场和成熟的林地也有着显著的不同，前者是巴洛克式的，林中之木各有其迷人之处，后者则是浪漫主义的，它密密匝匝、荫翳满布，仿若一道神秘的黑暗魅影。

84   森林宪章

我对一件事非常确定：尽管陈述了浪漫主义式的和巴洛克式的，狂野的和野性的，对于森林，我们却仍未进行深入的研讨。的确，森林（forest）是一个古老的词，虽然和树（tree）比起来，它并不是最古老的一个。或许是为了区分公园里的野生树木和林地，才有了这个语词的出现；它的词根源自拉丁语 foris，意思是"门外"。在英格兰历史上，森林的土地是通过法律地位确定的，而非源于其生态形式。在《英格兰的森林》一书中，约翰·克鲁姆比·布朗认为，森林里"必须有作为猎物的动物；有荫蔽它们的树或黑木；而且它必须受主权的管辖"。[1] 这样看来，森林就不仅仅是一

---

1 John Croumbie Brown, *Forests of England in Bye-Gone Times* (Edinburgh: Oliver and Boyd, 1883), 17.

大片林地，而是一种包含具体的经济关系并与君主制有关的资源。像迪恩、埃平和新森林这样的森林是君主制土地所有制的一部分，这些制度有助于家臣，王室仪式与财政经济之间的彼此联系、协调和控制。因此，中世纪的"森林"存在一个合法的范围，对这个范围内的树木会给以间接的关注。"关于森林，我们已经说过，当一片森林仅仅受主权的管辖而不靠其他东西来维持，经由这种规定的程序，森林因此也就被授权为一个主体；但是，这种行为也让森林不再成其为森林，它们更像是一个被指定的猎物，因而不需要始终有一个自然的外围。"此外，还存在更多的面向和定义：用篱笆围起来，森林（或者说是猎物）就变成了公园；兔穴是一片开放的土地，这片土地被用来作为那些依赖树荫的小型动物——比如野兔和山鹑——的保护区。最后，成为森林，可能也

85

需要一些条件——种满挺直的树木或矮树林的一片土地——它可以在森林里面，也可以在外面（在中世纪的法律意义上，森林同样可以是那些一棵树都没有的区域）。

林地（在中世纪的语汇中，这个词并不等同于森林），被认为是"去森林化的"（disafforested），而所谓的"去森林化"（disafforestation），就是把一片林地和这片林地上的资源从君主的单一支配权中撤除出去。这样的话，所谓的"森林"，很大程度上仍是一个法律的范畴，而不是一个生态的范畴。尽管这个范畴的确会存在生态后果，比如克罗农所提到的那些被风刮倒的树，但去森林化的林地终于有可能发生转变，它们开始试着去探寻一些皇家森林所不曾采用过的方式。

森林的政治经济学居于争议的核心位置，正是这种争议促发了《大宪章》的起草。《大宪章》的起草是紧接着一个不为人熟知但却更为全面的宪章而出现的，这个宪章关于经济特许权，被称之为《森林宪章》。让我们回溯到1215年，那时《大宪章》已经拟就，其主要是被当作约翰国王和叛乱贵族间的一纸协议（这种叛乱通常被描述为是不满）；他们关心的问题涉及位居家臣之下的那些不受管束的自由人，皇室的"植树造林"（afforestation）和对空地的控制权已经大大限制和缩减了他们对自然资源的获取——他们的权限本不仅仅限于打猎和砍伐，还包括了收集坚果、收割农作物，以及对饮用水、鱼塘和权力的使用。

　　平民和贵族通过森林来缔结关系，这种做法可以远溯到《大宪章》时代，并且深深地融入了基督教欧洲的象征主义中。1215年，适逢十字军的第五次东征。这一次东征，乃是缘于牛津的菲利普的鼓动。菲利普借用森林这一温良的形象来宣扬基督教的使命："天堂美丽的森林中，死亡隐藏在生命的幔子之下；因此，相对的是，在畸形和可怕的树木之中，生命则隐藏在死亡的幔子之下。而对于十字军来说，在像死亡一样的劳作的幔子之下，也同样隐藏着生命。"[1] 到十三世纪的时候，已经有了针对森林本身的法律体系，有了由法院和专职人员所形成的工作网络；尽管大多数时候，森林仍是表现得狂野不羁，但它们已经得到了精确的管理，人们对森林的资源做了充分的量化，池塘的英亩数或猎物的头数，都统计得非常清楚。约翰国王在兰尼米德和叛变贵族见面时，对于后者希望明确自己的权力和自由限度的要求，他一一做出了回应——但对涉及贵族自身的法律和国王的森林的那些更为宽泛和普

---

1 Peter Linebaugh, *The Magna Carta Manifesto* (Berkeley: University of California, 2008), 27.

遍的诉求，国王却没有给以答复。所以，这些贵族就继续向国王施压，于是，在 1217 年，国王和贵族之间便签订了第二份协议文件，也就是我们所说的《森林宪章》。

在中世纪的英格兰，有非常丰富的词汇可以用来描述对森林土地的利用：比如 agistment（代人放牧），指的是在林地季节性地放牧牛群和羊群的做法，这样做是为了使用"牧草共用权"；pannage（林地放养猪），指的是把猪散放在森林中去觅食橡子和山毛榉；以及 estovers（采木权），指的是采集林木。J·M·尼森和彼得·莱恩博对中世纪林地的丰饶状态曾有过激动人心的记载：

　　日常家用的断木残枝，用作饲料的荆 87
豆植物和杂草，以及面包师和陶工给烤箱和砖窑生火时要用到的那些柴束或小树枝。哪儿能找到豆荚、怎么用上好的榛木来制作羊圈、怎么组装清扫烟囱的木刷，关于这些，（尼森）都一一做过记载。林地是一座燃料库；它们是美味珍馐的储藏室，是卑微之人和病患的医药箱。至于说食物，榛子和栗子可以在市场上出售；秋天的蘑菇则可以用来煲汤和炖菜。野生山茱萸、茴香、薄荷、百里香、墨角兰、琉璃苣、野生罗勒、艾菊可作为药草煎煮，用于治疗。野生酢浆草、菊苣、蒲公英叶、地榆属、猫耳菊、山羊胡菊、毒莴苣、苣荬菜、藜属植物、繁缕，西洋蓍草、田芥菜，以及牛筋草，可以用来制成色拉。接骨木浆果、黑莓、越橘、伏牛花、覆盆子、野草莓、野玫瑰果、山楂、蔓越橘和小茴香，都是制作果冻、果酱和葡萄酒的上好材料。[1]

在《大宪章》时代，教会威胁说，如果贵族坚决不让平民进入林地和田野，那么他们将会被逐出教会。《大宪章》的第七章规定"寡妇将合法继承其与亡夫生前所共有的财产"。[2]《森林宪章》不仅把这些做法视为社会习俗和生存方式，更是把它们看作权利，完全是把它们视作和陪审权、行使法律正当程序权、人身保护权和免于酷刑权同等的权利，而上述这些都记载于《大宪章》中。但《大宪章》和《森林宪章》在某一时期承诺赋予平民的权利——获取传统的林地资源，并通过买卖这些资源来维持生计——却在随后的几个世纪中被贵族逐一收回。

OBJECT LESSONS

88

---

1 Linebaugh, *Magna Carta*, 43.
2 Ibid., 52.

在这场针对公地的长期争夺战中，一个关键的步骤是 1536 年的解散修道院。当时，国王亨利八世同与政治联姻的罗马天主教会发生了激烈的争辩，在此过程中，他没收了修道院的土地——最晚近的一些是直到十六世纪才出现的公地、田野和森林——并将其转交给他私人的亲信，而出售这些所得的钱则被用来资助他的军事考察。由此开启了"一场由国家主导的大规模的土地私有化进程"，莱恩博写道，"在英国漫长的财产私有制历史中，还从未有过一次运动可以与此相媲美。……这场土地私有化的进程让英国的土地彻底沦为了商品。"[1]这些新的土地所有者开始通过最快最有效的方式把他们手头的财产转化成现金：他们把普通劳动者赶逐出土地，清理土地，筑起栅栏和树

1 Ibid. , 42.

篱，放牧羊群。由亨利八世的一位部长准备的宪章官方译本忽略了承认生存权的规定，这使得皇室的野心有可能重写历史。

到十七世纪殖民者开始向北美迁徙时，许多大型的树木也被移出了英国的森林。但那些殖民者却为北美森林中数量众多、规模庞大的林木所困扰。在西班牙无敌舰队那儿尝到败绩后，皇家海军此时开始着手扩军，这使得英格兰对木材的需求激增，变得不知餍足。最大的船只在底座上装有直径 40 英寸的主船，按照每英寸厚度对应于一码长度的经验法则，桅杆的高度此时将达到 120 英尺。[1] 在十七世纪，英国与荷兰进行了一系列的海战，为的是确保连接北海和波罗的海的海峡安全，那里生长着欧洲最高最大的树木。虽然这些可能微不足道，但它们也让英

---

1 William R. Carlton, "New England Masts and the King's Navy," *New England Quarterly* 12, nos. 4 - 18 (1939): 4.

国人不得不靠拼凑这些木材来"制作桅杆"。

波罗的海森林里的树木比缅因州的林木要高大得多，它们中有一些直径达到甚至超过了6英尺，高度在200英尺，如此大型的木料，普通的船只根本装载不了。在北美殖民历史的早期，皇室试图重申其对森林土地所拥有的古老权利，对于砍伐没有皇室许可证的树木的行为，会处以100英镑的罚款。[1] 但缅因州的安德罗斯科金河和皮斯卡塔夸河甚至超出了波士顿皇室长官实际的管辖范围，这一规定很大程度上忽视了殖民者对新英格兰地区林木的大量掠夺，这些木材被用来作为燃料、被用于基建住房和工业生产。殖民者们挥霍无度：在英格兰早期的现代社会，半木结构和茅草屋顶的住房是非常普遍的，之所以选择这种形式，主要是为了解决英国

---

1 Cronon, *Changes*, 110.

木材短缺的问题，但这种形式很快就被来到北美的英国殖民者抛弃，它们更喜欢采用木制的瓦片、木制的墙壁隔板，时至今日，这些带有鲜明的"殖民"风格的特征仍然得到了保留。

然后，到了二十世纪，殖民地建立时期的 90 美国森林状况此时开始被看作是一种伊甸园式的、无法掩藏的丰饶状态。"三百年间"，历史学家威廉·卡尔顿在 1939 年写道，"在人们的双手还没有拿着工具去砍伐林木时，美洲的森林始终自由地生长着，直到历经岁月的沧桑，便在它们的垂暮之年倒下。"[1] 尽管现在，卡尔顿的陈述因为无视十七世纪北美的本土植被而显得问题重重，但他的推断仍然成立：殖民者来到人迹罕至的蛮荒之地，兴致勃勃地想要开垦。在二十世纪的下半叶，罗伯特·弗罗斯特

---

1 Carlton, "New England," 4.

在他的诗作《彻底的奉献》中把北美殖民地描述成是"一片朦胧地想要向西延伸的土地，/但它仍未形成故事，不够艺术，也不够突出"。弗罗斯特的这首诗最初发表于1942年，但当1961年弗罗斯特在约翰·F·肯尼迪的就职典礼上再次援引这首诗时，他仍然觉得它是如此新鲜、如此合宜。美国土地和森林的真实状况事实上要更为复杂。尤其是在新英格兰地区的南部，森林由林地和没有树木的平原拼凑而成，就像公园一样，那些没有树木的平原，是由北美原住民非常细心地焚化而成的。"根据殖民者的观察，印第安人的这种焚烧行为，其目的乃是为了便于狩猎和旅行"，威廉·克罗农写道，但"大部分人都没有意识到这对生态环境所产生的潜在影响"；[1] 大火促进了土壤中

---

1 Cronon, *Changes*, 50-51.

营养物质的循环利用，带来了浆果的丰收和牧草的繁盛，有效地阻碍了沼泽中的低地树木对橡树的侵蚀——土著林业化的所有这些方面，不论其效应看起来多不明显，这种效应都是全面而彻底的。 91

到十九世纪，在欧洲绵延了两百年的农业，此时把美洲本土原有的那种由牧草和低强度农业所构成的农牧方式转变成了由栽植、放牧和生产所构成的农牧方式。殖民者对十七世纪的丰饶状态有过激动人心的描述，相比之下，梭罗遇到他的野苹果的那些林地和田野，对他来说则似乎是"残缺"和"不完美"的。但克罗农不禁要问，"我们又该如何去理解他所认为的那种超越于这一切之上的所谓整全和完美呢？"[1]

---

1 Ibid., 12.

第三部分

黑暗的丰盈

树与历史/在历史中的树

　　诚如梭罗预言的那样，康科德附近的森林和田野，如今已完全看不到野苹果树了。和新英格兰早期农民的家畜、可爱的野生动物一样，树木也形成了它们自己独特的形态，它们有自己的韵律，也有它们自己回应人类和动物的方式——以威廉·克罗农所谓的豁达精神来回应历史。说到历史，或许梭罗的野苹果树形象会永留于我们的脑际，我们常常只是在看到相关的语词和迹象时想起它们，但它们的根却深深地扎入大地。

　　或许有一天，天堂树狂野的方式也会消失——因为如果有一天纽约被臭椿的森林所覆盖，这种树就会建立它自己的帝国，然后开始一段新的征程，那时，它狂野不羁的方式就会在这座现代都市里销声匿迹。这里，衰老和衰落与作为生物学术语的"灭绝"并不同义，也不等同于古典生态学所描述的生物群落的兴衰。这些都是树表现出来的方式，因为它们都是这个斑驳世界中的事物，它们虽不受法律体系的干扰，但仍会选择聚在一起，结交朋友，联成同盟，自身也在不断地发生转变。

　　当然，树在许多方面都与我们人类有所不同，其中一个主要的差异几乎可以说是几何学意义上的：我们人类和一些复杂的动物都是在水平方向上生活，而树则是在纵向上经营自己

104　的一生。从某种深刻的意义上讲，树的"前方"其实是它那形似花开的树冠，它会朝着太阳的方向生长。而它朝向太阳生长的过程则是开枝、散枝，以至于横柯交错；它这种朝向太阳生长的方式，这种垂直的生命，既不完全是主动的，也不必然是被动的。

　　树用中动态（middle voice）来表达它们自己：*树木在生长*，这句话不但描述了树木自身不可遏制的活细胞分裂过程以及植物组织对光反应化合物不间断的利用，它同时也描述了富含矿物的闪亮叶突对光和重力的映射，它们释放出有着不同溶解度的糖分，合成激素以促进细胞的分裂和衰老。而生长，也通过树的历时形态、个性化现象这样的形式来反映树曾经经历过的一切：在这侧山坡上对光线和温度所表现出的特殊习性；这片平原上经常发生的季候性的闪电和洪水。树的生长有一个重要的维度——垂直、纵向；树的开枝、散枝是对位的，多声部的，就像合唱时的发声和音率叠加一样——彼此交织、颤动，但又完全是个人性的，它们汇合、交融，最终呈现出一个浑然一体的世界。树是一支吟咏初成、生长和播散的赋格曲——森林中以同样方式发出的树木之声，它们并不是单音部的，它们是一种模态，无比温和，宛如一曲合唱。

法国人类学家菲利普·代斯科拉认为我们需要放弃自然和文化之间那泾渭分明的对称性（这种对称性使人不满，而且绝不可能真正达到完全的均衡），以便我们能通过和事物之间千丝万缕的联系来把自己充分投注于那丰富多样的意义世界之中。

我们在世界上的实践行为和思想框架　105
的稳定性——或许也可以称之为"世界性"

（worlding）——首先是基于我们对现有事物特性的检视，进而我们会推断它们之间可以长久保持的那些关联（我想强调的是，这里说的是其中某些事物之间的关联）以及它们可以付诸实践的那些行为。正如现代主义认识论所表明的那样，反对一个由所有潜在的可知之物和可知现象组成的单一而真实的世界，这种做法是毫无意义的，因为我们每一个人其实都是在用自己日常的主观经验去创造那些多重而相对的世界……使上述诸多事物表现出其自身特性的（其中一些得到了检视，而另一些则被忽略了），既不是柏拉图式的原型（我们多少可以凭自己的能力去俘获它），也不是纯粹的社会结构（它可以为原材料以及我们环境中的那些物质存在和非物质存在提供意义和形式）。[1]

关于代斯科拉的上述表述，我想说的是，许许多多未被检视的、被忽略的事物特性可能恰恰构成了文化可能性的重要方面。要想在我们共同面对的文化纠缠中达成有效的协商，这个维度应该说是一个必要的、本原性的基础。在一个由事物组成的斑驳世界中，要想呈现出意义，就需要由这种黑暗的内在性（darkling immanence）来为它提供碰撞和交流。

艺术家瑞秋·苏斯曼最近几年一直在搜寻那些最古老的生物，这世界上凡是有可能找得到它们的地方，她就会去搜寻。其实在这些生物中，许多（尽管不是全部）都是树木。瑞秋

---

1 Phillippe Descola, *The Ecology of Others*, translated by Geneviève Godbout and Benjamin P. Luley (Chicago: Prickly Paradigm, 2013), 78.

的著作《世界上最古老的生物》集中收录了她拍摄的那些照片，它们提供了一种即时的和感人的见证，让我们体会到这些生命究竟是如何满怀着勇气和感恩去经受和坚持着它们自己的生存方式。瑞秋的旅程始于对红杉的探寻。红杉是一种千年古生物，当从加州的那些大城市租来的车来到它们面前时，它们正静静伫立，散发着那远古的荣耀。北美西海岸的红杉和红木或许是长寿植物的主要代表，长寿树的现实对应物。长寿，对于我们思考和处理树木的方式来说至关重要，在对红杉林及其所在的生态系统的保护方面，长寿有着非常重要的策展价值，而这些地方的野性似乎遮蔽了他们对策展所抱持的谨慎态度。在国王峡谷国家公园，长寿树所在的地方都被标记在一份叫作"树状图"（stem map）的文件中，按照苏斯曼的描述，这种图示"让人想起了天体导航图；它们是固着于地球表面的星座"。[1]

　　说到红杉，它们所表现出来的并不仅仅是长寿，它们同时也有着狂放不羁的生命形态。如果给这种植物历经千年才形成的心材内核上色，我们就会发现，它多能性分生组织的波状叶鞘既是古老的，又是新生的——在一种非常现实的意义上讲，它真的是亘古不变。我们常常可以在天主教堂的周围看到这些树横柯交错的形态，它们显露出的姿态和即兴的动作，酷似歌德所谓的本原植物；对于红杉来说，它的针叶树冠、进行光合作用的宽大器官，就好比是能看见一切的眼睛与始终张开的嘴。分生组织的表皮进到了一片网状气孔中；雨水流进这些缝隙和裂口，汇集于心材处，它们深入空隙，不断积聚着张力，终于像泉水一样喷涌而

1 Rachel Sussman, *The Oldest Living Things in the World*（Chicago: University of Chicago Press, 2014), 9.

107 出。随着时间的流逝，针叶开始脱落，它们落满了大树枝的表面，迎风伸向外边，像桁架一样。数十年过去了，几个世纪过去了，它们弯曲、折断，微生物、节肢动物和环节动物的活动为它们提供了肥料。几年之后，其他种类的树——红雪松、道格拉斯冷杉——已经在距离森林地面150英尺的树木腐殖质中长出了可观的周长。大火烧遍了这片土地；一个世纪以后，新生的树木取代了这些烧焦的针叶和煤黑的树枝，但疤痕仍在，它们一字一句地记录在为树建立的档案中，无法磨灭。树木主干上方的炭化木，其锋利的边缘可以长达二、三十英尺——但它们即使是和最下方的枝条（其距离地面可能也有八十英尺左右）之间也仍然有段距离。这个记忆宫殿中的树木数量众多，其中有许多是可以恢复的、易于辨识的并且长久地记录在册，但另外也有一些没有生活在我们的周围，它们身处奇异之地，甚至远离人类社会，而不像鱼和狗那样陪伴在我们身边。

最古老的海岸红杉，可以上溯到千年之前，甚至更早。而红杉这种植物，其历史则更为久远。但越过塞拉山一路向东，在高山烟雨的阴影中还有另一种树，它们的寿数甚至更长。在加州白山的狐尾松间，栖居着扭曲的、长着粉刺的生物，它们的历史久远绵长，甚至可以一直上溯到有人类文字记录之前的时期。像粘土、纸莎草和石头一样，树木也会记录下它们自己的信息并一直保存下来。"烧掉书籍、焚毁图书馆这样的事，今天似乎已不复多见"，罗斯·安德森在记叙狐尾松那漫漶不清的绵长寿数时这样写道。"但是，如果你仔细观察，你就会发现，这种思想仍然存留于另一种典型的人类活动中，其与文明本身一样古老，那就是：摧毁森林。树木和森林是时间的仓库；摧毁它们，实际上就是摧毁那些关乎地球往昔的记录，而这些记录一经摧毁，将无法再被复原。"[1] 对安德森来说，狐尾松置身其间的那些枯干、开裂的森林就"像亚历山大港一样屹立于历史之中"。我很感激安德森，因为他把狐尾松萌生的时代视作"历史"，这让我们想起了威廉·克罗农，新英格兰地区森林中倒下的巨树，唤起了克罗农心中的历史，在漫长的生态演替进程中，这个瞬间显得微不足道，但它却是一场意义深远的革命：翻起的树根像顶篷一样遮掩着，幼苗在它的身下扎根，向着树冠的缝隙处开枝散叶；几年之后，便到处是新生的树、新生的昆虫、真菌和鸟类；一种新的树木秩序生成了，疏影横斜，有着无尽的可能。

1　Ross Andersen, "The Vanishing Groves," *Aeon Magazine*, October 16, 2012, http: //aeon. co/magazine/science/ross-andersen-bristlecone-pines-anthropocene/

即便那里没有人倾听它们，倒下的树也仍然会在时空之中奏响韶音。

不过，狐尾松记载的历史并不仅仅限于物种。我们也可以从它们的生长纹理中窥见千年之前的气候状况。当然，许多树都有这样的记录。树木年轮学通过研究树木的年轮来读解过去的气候状况，可以说这是一种非常行之有效的做法。从世界各地的活植株和死植株上采集而来的数量众多的核心样本，为过去一万一千年的历史提供了一条参考线。在狐尾松身上，气候学家找到了一条最早形成的连续的参考线，以及一条最易读解的参考线，干旱地区树木的年轮更易于读解，主要是因为潮湿条件 109 下，土地的肥力会让年轮纠缠在一起以至于难以辨识。

狐尾松喜欢生长在高海拔的寒冷干燥之地。迄今为止，我们发现的狐尾松大多都生长在九千英尺到一万英尺左右的高处，屹立于死谷北部开裂和破碎的白云石斜坡上。对如此严酷的自然条件心驰神往，让狐尾松找到了长寿的秘诀，它不是涌动的泉流，而是青春无边无际的荒芜；因为很少会有无聊的昆虫敢置身如此干燥、稀薄的空气，也很少会有哪种树愿意造访此地，仅仅只是为了沐受针叶下微微渗入的阳光。狐尾松会把它们生长的区域划分成不同的部分，所以树身上会形成纵向的斑驳印记，就像是一片片馅饼一样。树皮的每一部分都有自己独立的通道，它们从树的根部一直延伸到长着叶片的树枝。一旦树根受伤或枝干开裂，其中的一个部分便会死去，但其他部分仍然存活。在狐尾松漫长的一生中，它会失去自身躯干的大部分，只留下一两个部分继续倔强生长。而它们也确实存活下来了：迄今所知最古老的狐尾松被称为玛土撒拉树，其树龄据说有 4800 年之久。因此，就其自身而言，每一棵树都是一种森林，那些弥留的、扭曲的树身欣享着它们的心材，而它们的周边，却围满了树木的碎片。

"我们同在"与"我们不在"

110

时已晚秋，一切都很明亮，却冷，我独自一人，捡拾着落叶。这次也是在植物园，我穿着一双跑鞋，来到长长的池塘边，池塘边的野地上，栽植着蔷薇科的植物，维基百科把它们称作花卉植物中的"中等家族"，但对我来说，它们已经足够庞杂了，这个家族里不仅有玫瑰，还囊括了"苹果、梨、温柏、杏、李子、樱桃、覆盆子、枇杷和草莓；杏仁、……绣线菊属的灌木、石楠、火棘、花楸浆果，以及山楂"。一股寒流袭来，唤起了我对温柏和另一种蔷薇科果实——枸杞子——的好奇心。与它们更为市场化的近亲——苹果和梨——不同，温柏和枸杞子成熟以后仍然会在枝头逗留很长时间；这一软化到近乎腐坏的过程可以抑制单宁酸的涩味，提高糖分的含量，使暗沉而难看的果肉变得香甜和饱满。这个过程就是人们所熟知的"软化"，尽管这不过是十九世纪中期才出现的词，但对我来说，它就像是中世纪的语词那样充满感召力。

在这片长满玫瑰的野地中，我在一棵树的枝干前放慢了自己跑动的步伐，然后沿着长长的、曲折的河岸蹓步，这样的河岸总会使冬天显得异常湿润。而在河岸边生长着成群的道森海棠，长长的一大片，上翘的细长枝条上结满了和无花果一般大小的果实，已经腐化出了浅浅的酒窝。我摘下一把紧握于手心，一股清澈的液体喷射而出，那味道，仿若鲜醋一般。此外还有许多不同种类的樱桃和海棠，果实很小，像拳头一般大。一棵山梨树垂着累累的浆果，果实深红色与金色相间。我来到酷似一大捆开关的灌木前，它们像鞭子一样细长的枝条彼此紧紧地缠在一起。而在护根上散落得到处都是的，是一大片软化成糊状的皱巴巴的温柏。不过，它们已经裂得无可救药，我也就不愿去一尝甘苦。而掉落的果实中，有两个似乎是初熟的，仍然是灿灿的金黄色，摸上去也还是硬的。

　　我们该如何品尝树呢？如何去聚拢它们，又如何去捡拾它们呢？它们现在成群结队、纷至沓来，森林里，人们用机械生产的方式来种植它们，给它们喷洒药水，去除虫害，而移民工人通过敲打树枝或爬梯上树的方式去摘取它们的果实的方式，则让它们身陷命运的无常。我们需要常常记得，在我们与树的政治经济关系中，有一种原始的亲密性，我们总是通过拉拽、啃食和品尝的方式来接触它们。对我们来说，在某个园子中央的那棵树也总是有它独特的光芒，这种光芒引领我们去回忆、去重新展开想象，它也应许——应许什么？——我们会有超越野性之外的立场，这是一种自我克制的主体性，可以使我们不再动刀移植、不再割锯躯干，也不再束于规条。

但是，在森林中，在葡萄园，硕果累累的树木却总是会引起我们的关注，召唤我们去劳作。在《农事诗》中，维吉尔对罗马人的农业给以盛赞。这部诗作是这位罗马诗人的纪录片，它记录了耕田撒种、牧放羊群，记录了对蜜蜂的照看，同时更记录了对树木、藤蔓和灌木的培植与护理，在我看来，这不是最末的一项，而是头等重要的事情。在树的培植问题上，维吉尔关注的焦点是水果和坚果，他颂扬园丁们的辛勤耕耘，称赞他们的巧手让世界变得瑰奇多姿：

> 在没有节点的树干上劈开
>
> 一个裂口，深入到坚硬的纹理中
>
> 是一条劈开的楔形小径，这儿到处是
>
> 林林总总的事故，可是——不用多
>
> 久——看啊！
>
> 上翘的大树枝伸向天空，还有
>
> 令人艳羡的新奇的树叶，累累的果实
>
> 却不是它们自己的。[1]

　　诗人描绘的是园艺家移植的场景，这样的移植可以修复树木的损伤，把长满果实的大树枝和树根深深相连，甚至还可能长出非同寻常的枝条，可以用来制作家具。要完成移植，就

---

1 Virgil's Georgics, in J. B. Greenough, *Bucolics, Aeneid, and Georgics of Vergil* (Boston: Ginn & Co., 1898), 2.68-80.

必须使用相关的植物，维吉尔对这种接合活动的描述让人惊奇：把核桃嫁接到杨梅（或浆果鹃）上，把苹果树的枝条移植到悬铃木的枝干上。真是不可思议的一对儿！

维吉尔还以更为真实可信的笔调描述了如下的情形：罗马的酒商修剪葡萄藤，以便让它们能在树上生长，他们同时也修剪栗子树，它们的韧度和根的深度无疑与葡萄酒那短暂的乐趣形成了鲜明的对比：

支撑它的树，主要是七叶树，

它们的树顶是如此高远，直伸向碧蓝的天空，

它们的树根是如此深邃，直顶到地狱的穹窿，

因而，它们不惧风暴，不惧爆破，也不惧雨淋，

　　它们从河床逶迤而下；笔直地挺立着，

　　见证了一代代的人，一个又一个世代，　　113

　　若有人滚落至此，它们便挽救他们的
生命，

　　它们舒展自己宽广的臂膀，将枝条伸
向无尽的远方，

　　广袤树荫中，它们是那唯一的支柱！[1]

　　但这些被修剪的藤蔓，无论他们栖身之树
的根有多深，一旦火来，极易烧灭：

　　……屡屡逃离那些心不在焉的情人

　　油润的外表之下，它们的心早已寂灭

　　起先是像贼一样的藏躲，如今却紧紧

---

1 Virgil's *Georgics*, 2. 292 - 300.

握住坚韧的树梢，

　　移植于高处叶畔的它们，此时便开始

　　对着天空咆哮，嘶吼声穿过了硕大的
树枝

　　参天的树顶得以幸存，像掌权者一般
俯视万物，

　　火的长袍却早已席卷，这里所有的
草木

　　幽森的阴霾笼住漆黑的烟气

　　但朝着天空望去，此时又似有风暴
来袭

　　它们沉降于这片森林，急速的风

　　席卷起冲天的大火。事已至此，

　　遒劲的树根也无法抓握住它们，它们
被卷走

　　再也无法复原，而火势却遮天蔽日，

　　四处蔓延，有如繁木；最终存留的，

却只有光秃的野橄榄树，和它那苦涩的叶儿。[1]

显然，维吉尔所说的*野橄榄*，实际上是无法在这样的森林大火中存活的，这与它那些经过培植、已经成熟的近亲有所不同。古典学家大卫·O·罗斯指出，对共和国时期的罗马人来说，所谓的"自然"，指的其实是那些经过人类开垦和培植的自然。根据罗斯的这个描述，古罗马人对自然的理解，与我们今天的观念几乎是完全相反的，这种自然根植于农业圈，将农业栽培作为其典型的表征，甚或是自然本身的承传。风暴、飓风和野生动物的力量：这些都是*上界造访人间王国*——人类和他们的田野、野兽、果园——的天力。罗斯在*自*

然（*natura*）一词的词源学中找到了这种论述的基础：这个词最初是用来形容降生，或形容事物来到这个世界上。罗斯指出，对于罗马人来说，

> "自然"是农业性的，很难想象这样的"自然"中会没有人类和他们的创作活动：但这里其实有一个明显的悖论——对《农事诗》而言，这确实会是一个核心的悖论。……我认为，对罗马人来说，风暴的破坏和虫害的攻击不是自然的，而是恐怖势力和敌对势力……而谷物和葡萄藤却是生命自然循环的体现。[1]

从维吉尔的时代开始，我们对自然的理解

---

1 David O. Ross, Virgil's Elements: *Physics and Poetry in the Georgics* (Princeton: Princeton University Press, 1987).

日渐丰富起来。例如，之前我们或许只会称赞自己前院橡木宽广的树臂秀拔、横生的枝条坚固，但后期的维吉尔可能会歌吟橡树那些更为现代的特质：将其称为被子植物，或视之为双子叶植物中的一员（尽管这样的分类在今天看来已经过时，而且并不准确）；把它归在山毛榉目中，这个目中的植物还有山毛榉、核桃、桦树和月桂果；将它视为一种生化反应器，可以释放出如下的化合物：Grandinin/roburin E（单宁/栎素 E）、栗木鞣花素/栗木脂素、没食子酸、单酰基葡萄糖（没食子酸葡萄糖苷）、榭斗酸双内酯、单酰基葡萄糖、二酰基葡萄糖、三酰基葡萄糖、榭皮苷和鞣花酸——这些都是由于疾病、病原体和受伤而产生的毒性芳香物质；将它那以平方英尺计算的树身视为极其上等的木质，这些木质是由缓慢流动的纤维素纤维碰撞而成，这些纤维素纤维缠绕在木质

115

素基质中，并为三叉杆菌和微生物所穿透，而过度生长的微生物会坍落到废弃的木管中，为树身提供结构上的强力支撑；把橡树的树身比作有着许多房间的豪宅，动物们在这里欢歌雀跃，而它们的生命形式极其多样，从原生动物一直到雀形目鸟；按照林奈的生物命名体系将它称为*白橡*（*Quercus alba*），林奈是根据这种树源自北美的叶片来描述它的，他说，对于邻近角落里的那种大树来说，这是一棵白色的橡树；在漆黑的动物园里吟诵它们那些不为人知的甜美而神秘的名字。的确，*所有这一切都拓展了我们理解的范围。*

　　和维吉尔一样，在我们的日常生活中，我们把树看成是一件物体；就像奥登描述的那样，这些树似乎满足于维持它们自身的边界。然而，真的是这样吗？我家附近的一座公墓里有一棵古老的矮槭树，几年前被反铲挖土机或其他的机器伤到，于是，心材在疤痕处腐烂，变成了腐殖质，它们引导伤口上方的活性维管组织将根部输送到树的心脏部位。

甚至在其内部，树也不会维持自身的边界。同时，树木与人类生活世界建立联系的方式，也涵盖了人类生活的方方面面，包括物质性、共同体和设计。作为物，树居住在（或者说创造了）一个神秘的空间，在这个空间里，它们似乎显得无动于衷、被动，以柔弱的方式来回应人类的活动和需要；但实际上，它们自己的生命却是丰富而积极的，其自身的特点，甚至是多种多样的情感，远远超出了我们的经验。它们以极其丰富多样的方式生活在人类周围，将许多散乱的物质和生物可能性汇聚成强大的光束，折射进人类的日常经验中。它们的形态为我们提供了组织数据、机构和知识的方式（我们甚至会发现，关于树自身的知识也被

124

归入了树状的图表之中）。在它们生活于其中
的那些伟大的时代，它们表现出地球生命的活
力和能力，其中有着许多不可言状而令人敬畏
之处。长寿、隐忍，即便是街边人们最为熟悉
的树也始终能保持树干的稳定，这些都令人称
奇。这是一则关乎崇高的例子：当我们来到
树——尤其是那些围绕、拥抱、护庇着我们的
老树——的面前，我们就是领略植物鲜活生命
的初学者和新人。

　　树的生命代际相传、周而复始，经由这种
循环，它们把从大气中捕获的碳贮藏起来，通
过光合作用代谢二氧化碳，从而制造出糖分，
促进木身的生长。树状植物的这种行为已经持
续了四亿年；从全世界煤炭又黑又厚的纹理，
我们可以追溯树木的起源，从中我们会发现，
树木乃是这个世界上一种主导的生命形式。而
早在人类——甚至是哺乳动物——出现以前，

碳的储存就已经改变了地球的气候，但直到最近几十年，我们才开始关注这个问题。档案、废物库、故事讲述者、世界缔造者——这些都应加入到我们处理和思考树的方式之中。

　　我们向大气中排放了大量的碳，这种元素现在甚至比潜在的树木还要多一些，而空气治理（对此，我们要么是转瞬即忘，要么是流于想象），却仍是亟待解决的问题。等待，恰恰是树的行为方式。微风轻拂，不管是叶青还是叶落，无论是果实沉甸抑或老叶翻飞，树都屹立如常。梭罗曾想象过没有野苹果树在内的人间草场和石砌藩篱；而今天，我们似乎不得不去反省一个没有树与我们同在的世界。我们的观察让人极为绝望，我们不知道树木能承受我们碳排放的时间还有多久，它们把弥散的二氧化碳吸收到自己的枝条、树叶和根部的时间还有多久，它们尊贵地生活在这个地球表面的时间还有多久。它们将在没有我们参与的情况下去完成这样的工作：一千年中，温暖缓缓散去，它们逐渐展露着自身所蕴藏的无限丰富。

作为物，一种生命形式，以及生命的一种形态，人类来到这个世界时，它们已走过了漫长的历史。而我们又与树携手走过了许多岁月，几经寒暑，形影相随，从地球的这一片大陆走到那一片大陆。树使得人类的生命形式成为可能——而那些人类的生活方式又为树在这个世界上开启了新的道路。一些树从幼苗渐至成熟，就已经囊括了人类所有有文字记载的历史——人类的活动逝去，就仿若一片阴影，一处日间的脏污，消失于加州红杉身上的那些斑驳区域。对这样一棵树来说，那些岁月不过是再小不过的细节，时光飞逝，无法记下。季节的更替，对生活于冰川纪的生物以及树的时间表来说，就如同一日的逝去。我们或许需要采

纳这种更为漫长、更为缓慢的时间观念；因为
我们最近发现，人类仿佛具备一种开创时代的
能力，正以自己的方式在改变着地球的气候。
甚至到现在，狐尾松还在一步步向海拔更高的
地方生长，为了躲避温暖的气候和急剧的气候
变化，它们越爬越高，像许多高山和高地植物
一样。我们把这种变化称为人为变化，而这个
时代，按照其表现的形式，被称为了"人类
纪"（Anthropocene）。不过，我认为我们并不
应当这么快地把这些效应归咎于我们的生物本
性，无论是哪一种本性。在人类历史上，气候
变化是具体的社会经济关系的后果：我们是如
何在西方，在追溯维吉尔对来自自然之外的天
力的论述时，开始认识到资源、景观和生物的
价值的。所以我认为，我们更应该把这个时代
称为"西方纪"（Occidentocene），以点明这一
问题乃是由西方的方式所促发的。

　　树会是充满野性的吗？我是带着这样的意识重提自己最初的这个问题的：在人类纪初至之时，狂野的确会给树带来最大的希望，也会对人类的前景有所推动。我再次回到伯西溪草甸的臭椿林，看到它们的枝条在城市的微风中轻轻摇曳。钢铁的呼啸声从树的上方掠过，那是火车在驶出城市的途中穿过了居民区；高空喷气式客机喷出的慵懒气斑与空中成群的麻雀相得益彰，像漾开的涟漪，把天空织成了一件花呢套装。在曲曲折折的高台河岸上，垃圾正从蜀羊泉灌木的下方向外窥望：一只擦伤的鞋子、一团闪亮的铜片、一张撕碎的屋顶用纸，所有这些都陷在松软的黑土中。细长的臭椿高高耸立在上方，给这些混杂的物体和缠结的藤蔓染上了柔和的光泽。在整个城市，这样成片的臭椿似乎为地产划出了临时的边界；它们填补了空地，从轮胎中、从围栏的残骸中涌出。

它们庇护着拾荒者，它们紧紧地攥住有毒土壤
中的水分，防止它们从救助站流到波士顿港的
下水道里。这些树在广袤的黑暗中、在那些构
成元素物质可替代资源的化合物中积聚着碳。
一个世纪以前，从工业化进程令人晕眩的帝国
高度可能不难想见，在我们之后这座城市将会
回复成一片荒野的丛林；而今天，我们更应该
认识到，一座城市就是一片狂野的森林，它已
经是，也将一直是；我们需要明白生命的形式
永远在发生分化，而迷狂（bewilderment）才
是我们自然的居所。

---

1 索引页码为原书页码，即本书边码。插图的页码以斜体标出。

OBJECT
LESSONS

OBJECT
LESSONS

图书在版编目（CIP）数据

树：我心狂野 / (美) 马修·贝特勒著；熊庆元译.
-- 上海：上海文艺出版社，2021
（知物系列）
ISBN 978-7-5321-7957-2

Ⅰ.①树… Ⅱ.①马… ②熊… Ⅲ.①树木－文化史－世界 Ⅳ.①S718.4-091

中国版本图书馆CIP数据核字(2021)第076287号

This translation is published by arrangement with Bloomsbury Publishing Inc.

著作权合同登记图字：09-2017-1094号

发 行 人：毕　胜

策 划 人：林雅琳

责任编辑：林雅琳

装帧设计：周志武

书　　名：树：我心狂野

作　　者：(美) 马修·贝特勒

译　　者：熊庆元

出　　版：上海世纪出版集团　　上海文艺出版社

地　　址：上海市绍兴路7号　200020

发　　行：上海文艺出版社发行中心发行

　　　　　上海市绍兴路50号　200020　www.ewen.co

印　　刷：启东市人民印刷有限公司

开　　本：787×1000　1/32

印　　张：5.625

插　　页：3

字　　数：61,000

印　　次：2021年10月第1版 2021年10月第1次印刷

Ｉ Ｓ Ｂ Ｎ：978-7-5321-7957-2/G·0318

定　　价：39.00元

告 读 者：如发现本书有质量问题请与印刷厂质量科联系　T:0513-83349365

小文艺·口袋文库·知人系列

小文艺·口袋文库·小说系列